Change Maker

AF567395

CHANGE MAKER

WIRKSAME VERÄNDERUNGEN UNTER MAXIMALER UNSICHERHEIT

von

OLAF HINZ

Verlag Franz Vahlen GmbH

ISBN Print: 978 3 8006 6239 5
ISBN E-Book: 978 3 8006 6240 1
© 2020 Verlag Franz Vahlen GmbH,
Wilhelmstraße 9, 80801 München
Layout: Heidi Eichner – HEIDIsign.de
Satz: Fotosatz Buck
Zweikirchener Str. 7, 84036 Kumhausen
Druck und Bindung: Beltz Grafische Betriebe GmbH
Am Fliegerhorst 8, 99947 Bad Langensalza
Umschlaggestaltung: Ralph Zimmermann – Bureau Parapluie
Bildnachweis: © Ostapius – depositphotos.com

vahlen.de/nachhaltig

Gedruckt auf säurefreiem, alterungsbeständigem Papier
(hergestellt aus chlorfrei gebleichtem Zellstoff)

INHALT

VORWORT

Erfolgreiche Veränderungen haben eines gemeinsam: sie schaffen Verbindung, die Verbindung zwischen dem Heute und Morgen, Ist und Soll, neuen und erprobten Ansätzen. Sie sind erfolgreich, weil sie mit dieser Verbindung Akzeptanz und Ankopplungsfähigkeit bei denen schaffen, die mit der Veränderung umgehen sollen.

Die These dieses Buches ist, dass an die Stelle des starren Change Management 2.0 zukünftig die Robustheit des Change Management 4.0 treten wird. Veränderungsprozesse sind dann robust, wenn sie mit Überraschungen rechnen, auf Ungeplantes reagieren können und ihr Vorgehen und Methodik auf die steigende Dynamik angepasst haben.

In einer Zeit abnehmender Berechenbarkeit und zunehmender Komplexität muss sich das bisherige Change Management 2.0 von Steuerungsphantasien verabschieden. Wem das noch nicht deutlich war, der hat es spätestens durch die Krise, die Covid-19 ausgelöst hat, erfahren.

Veränderungsinitiativen, in Phasenmodellen geplant, terminiert und „durchgesetzt" bzw. „ausgerollt", gibt es in diesem Buch daher nicht, denn Veränderung lässt sich nicht mehr auf definierte Zeiträume und Projekte beschränken. Den wirksamen Erfahrungsschatz, den Agenten der Veränderung in den letzten Jahren im Bereich „der weichen Faktoren", wie Kultur und Wertearbeit, Organisationsdynamik, Umgang mit Emotionen und Widerstand, bei der Rollenklärung und der Veränderung von Führungsparadigmen und -verhalten, angesammelt haben, finden Sie natürlich – und zwar in den Kapiteln 1 und 3 und sofort einsetzbar.

Der Selbstbefassungsgrad in Organisationen ist zu hoch! Es ist daher gut, dass Organisationen den Kunden endlich wieder in den Fokus nehmen. Bei der Konzentration auf schlanke Geschäftsprozesse, sichere IT und Schnittstellenklärung in der Matrix ist der Kunde aus den Augen verloren worden. Wer sich das agile Manifest zu Herzen nimmt und seine Organisation mit den Augen des Kunden betrachtet bzw. den Kunden selbst in die Organisation hineinholt, setzt den Fokus wieder richtig. Lesen Sie dazu die Kapitel 2, 4 und 6. Hier finden Sie ein sinnvolles agiles Repertoire, um beim Change Management 4.0 wieder den Kunden in den Fokus zu nehmen. Ich habe dabei versucht, mich von den Tooljunkies und Werkzeugverkäufer abzugrenzen, die auf allen Marktplätzen unterwegs sind, um glauben zu machen, neue Begriffe, Post-its und innovative Raumkonzepte genügen und alles sei geritzt …

Die digitale Transformation braucht das ganze Repertoire des alten und neuen Change Management.

Digitalisierung und seine weitreichenden Möglichkeiten sind Anlass und Grund vieler aktuellen Veränderungen, die durch hohe Geschwindigkeit, Ortsungebundenheit, Gleichzeitigkeit mehrerer Optionen und bisher undenkbarer Möglichkeiten für alle gekennzeichnet sind. Digitalisierung erweitert die (technischen) Möglichkeiten, reißt (Markt-)Schranken nieder und schafft eine völlige neue

Produktwelt. Unternehmen machen sich auf, neue Strategien und Geschäftsmodelle, digitale Produktionsprozesse und schnellere Innovationszyklen zu entwickeln. Von all diesen Entscheidungen wird in diesem Buch nur am Rande die Rede sein.

Dieses Buch konzentriert sich vielmehr darauf, *wie* Veränderungen im digitalen Geschäftsmodell in der Organisation so umgesetzt werden, dass sie wirksam werden. Kapitel 5 blickt daher auf neue Formen der Zusammenarbeit (Selbstorganisation) und Führung (Digital Leadership).

Ich lotse seit über 20 Jahren Organisationen durch Veränderungen. Vor diesem Erfahrungshintergrund kann ich sagen:

ES GIBT KEIN GUTES ODER SCHLECHTES, SONDERN NUR WIRKSAMES ODER UNWIRKSAMES CHANGE MANAGEMENT!

Mit diesem wirksamen Veränderungsmanagement setzt sich der Change Maker auseinander.

Ich danke meinen Kunden und Studierenden, die durch ihre Beiträge dieses Buch bereichert haben. Für ihren Input zu den Themen der digitalen Transformation bedanke ich mich bei Sarik Weber (Digital Pionier, ottobock), Britta Wormuth (PwC), Oliver Linder (Continental), Michael Waning (Achtung!), John Hottendorf (Barclayscard), Frank Rohde (Adobe Systems) und Andreas Rittler (ITYX Solutions AG).

Olaf Hinz

Hamburg im Mai 2020

Anmerkung des Verlags:
In diesem Buch wird aus Gründen der besseren Lesbarkeit die männliche Form verwendet. Weibliche und anderweitige Geschlechteridentitäten werden dabei ausdrücklich mitgemeint.

KAPITEL 1
SO MACHT
CHANGE
MANAGEMENT
SINN

Change Management gehört zu den geflügelten Worten im Management und ist Standardprogramm jeder Führungs- und Managementausbildung. Wie immer bei solchen Begriffen hat sich im Laufe der Zeit eine Vielzahl von unterschiedlichen Verständnissen und „Denkschulen" herausgebildet. Zum Teil sind diese Denkschulen auf (scharfe) Abgrenzung bedacht oder bezeichnen die ganze Disziplin des „Change" als überkommen, sinnlos und ineffektiv.

Da ich von Haus aus Kaufmann bin, hilft mir die ökonomische Analyse in einem solchen „Schulenstreit" oft weiter. Deswegen werden wir kurz sortieren, wann Change Management eigentlich sinnvoll ist und wann nicht.

DENN ES MACHT ÖKONOMISCH WIRKLICH KEINEN SINN, MIT DER KANONE CHANGE MANAGEMENT AUF DEN SPATZEN („WIR MÜSSTEN MAL WAS KURZ WAS ANPASSEN") ZU SCHIESSEN.

Change Management ist ein umfassender Ansatz, der Themen der Führung, des Kommunikationsverhaltens, der Steuerung von Gruppendynamik und von Projekt-Prozessen vereint. Wirksames Change Management macht es möglich, Unternehmen gleichzeitig mit hohem Tempo und hoher Einbindung der Mitarbeiter zu verändern.

Dies alles passiert aber nicht über Nacht – und leider auch nicht zwangsläufig. Es ist harte Arbeit und erfordert hohes persönliches Engagement, Wissen und Können.

Kurzum: Wer etwas verändern will, muss sich vorher gut überlegen, ob er einen professionellen und ressourcenaufwendigen Change Management-Ansatz wählen will. Denn wenn man das tut, dann passiert Veränderung nicht mal eben so, als „Add-on" oder „nebenbei"; es wird vielmehr zur zentralen Managementaufgabe!

Anderseits muss eine Managementmethode auf der Höhe ihrer Zeit sein, um wirksam und sinnvoll zu werden. Agilität, Digitalisierung und Transformation sind drei Begriffe, ohne die in den letzten Jahren kein Management-Vortrag auskommen konnte. Ich finde, sie sind es auch im Kontext von Change Management wert, dass wir sie uns näher anschauen.

AGILITÄT

Das Konzept der Agilität geht zurück auf das Manifest für agile Softwareentwicklung, das 2001 von 17 Unterzeichnern auf der schlichten Internetseite agilemaifesto.org zum ersten Mal veröffentlicht wurde.

AGILEMANIFESTO.ORG
[...] HABEN WIR DIESE WERTE ZU SCHÄTZEN GELERNT:

Individuen und Interaktionen	mehr als Prozesse und Werkzeuge
Funktionierende Software	mehr als umfassende Dokumentation
Zusammenarbeit mit dem Kunden	mehr als Vertragsverhandlung
Reagieren auf Veränderung	mehr als das Befolgen eines Plans
Das heißt, obwohl wir die Werte auf der rechten Seite wichtig finden, schätzen wir die Werte auf der linken Seite höher ein.	

Darunter finden sich u. a. Ken Schwaber und Jeff Sutherland, die vor über 20 Jahren das Framework SCRUM mitentwickelten. Aus dieser Mit-Urheberschaft entsteht ein häufig anzutreffender Kurzschluss, dass das Framework SCRUM gleichbedeutend mit Agilität sei.

Das ist Unsinn, denn das agile Manifest ist ein Wertekanon,

- der Individuen und Interaktionen mehr als Prozesse und Werkzeuge schätzt,
- der funktionierende Software mehr als umfassende Dokumentation schätzt,
- der Zusammenarbeit mit dem Kunden mehr als Vertragsverhandlung schätzt und
- der Reagieren auf Veränderung dem Befolgen eines Plans vorzieht.

Der entscheidende Satz, der heute von vielen leider vergessen wird, folgt nach der Aufstellung der Werte: Das heißt, obwohl wir die Werte auf der rechten Seite wichtig finden, schätzen wir die Werte auf der linken Seite höher ein.

Wir dürfen nicht vergessen, dass der Ursprung in der Softwareentwicklung liegt.

DAS AGILE MANIFEST WURDE IN EINIGEN FÄLLEN WIRKSAM ADAPTIERT, ABER VON VIELEN „AGILEN ORGANISATIONEN" NUR PLUMP KOPIERT.

DIGITALISIERUNG

Der Begriff der Digitalisierung hat zunächst einmal nur eine technische Bedeutung, nämlich die Umwandlung analoger Information und Kommunikation in eine digitale Form. Wer ein Foto auf einen Scanner legt, das gescannte Bild dann am Bildschirm bearbeitet und für eine Präsentation vorbereitet, macht ganz praktische Digitalisierung.

Allerdings hat der Begriff Digitalisierung noch weitere Bedeutungen, die auf die Wirkung dieser Technologie auf Prozesse, Geschäftsmodelle und unsere Art, zu leben, abstellen. Es liegt in der Natur der Sache, dass der Begriff dadurch unschärfer wird. Zusammen mit anderen Buzzwords, wie 4.0, Disruption oder Künstliche Intelligenz, ist Digitalisierung zu einem Oberbegriff geworden, der die Annahme, „alles wird sich grundlegend ändern", beschreibt.

TRANSFORMATION

Transformation steht laut Duden für Veränderung oder Wandel und interessiert uns hier in seiner Bedeutung als Veränderungs- oder Change-Prozess. Ich werde in diesem Buch alle vier Begriffe (Veränderung, Wandel, Transformation und Change) synonym verwenden.

Digitale Transformation ist eine Veränderung, der aufgrund von Digitalisierung geschieht. Das kennen wir schon seit der Dampfmaschine: Es gibt neue technische Möglichkeiten, und die Umwelt und insbesondere die Unternehmen reagieren mit Wandel darauf. Dieser Wandel wird umso erfolgreicher, desto wirksamer das Management dieser Transformation gelingt.

Halten wir also fest:

- Transformation, Veränderung, Wandel und Change sind Worte, die das gleiche Phänomen beschreiben.
- Agilität ist ein Wertekanon, der sich in Haltung und Verhalten praktisch zeigt.
- Digitalisierung ist eine technisch induzierte Erweiterung der Möglichkeiten, die Wandel anstösst.
- Sinnvolle Transformation braucht wirksames Change Management.

PHILOSOPHIEN DES CHANGE MANAGEMENTS

Immer wieder finden wir konkurrierende Ansprüche an wirksame Transformation. Einerseits soll die Mitarbeiterbeteiligung hoch sein. Andererseits soll die Veränderung schnell umgesetzt werden, das Veränderungstempo also hoch sein. **Nur in dem Fall, nämlich wenn hohe Beteiligung und hohes Tempo gleichzeitig notwendig sind, brauchen Sie das große Besteck des Change Managements.**

Denn wenn das Tempo so verringert werden kann, dass genug Zeit für eine umfassende Beteiligung bleibt, ist die Salamitaktik weitaus erfolgreicher. Dies zeigt die folgende Abbildung:

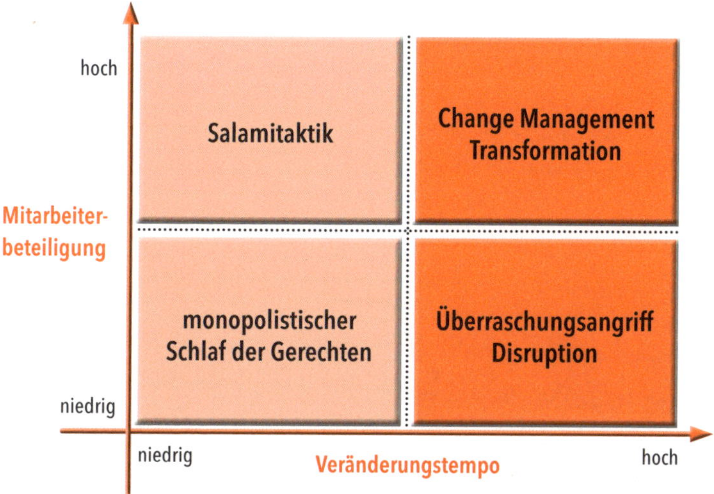

Die Salamittaktik konfrontiert das Unternehmen immer nur mit dem, was gerade gut verdaut werden kann. In kleinen Schritten wird gemeinsam mit den Mitarbeitenden das Neue eingeführt und ausprobiert; die Organisation hat ausreichend Zeit, sich einzugewöhnen. Die Salamitaktik ist beispielsweise dann eine gute Wahl, wenn die Veränderung eine Gruppe von Spezialisten betrifft, deren Expertenwissen Sie auf keinen Fall verlieren wollen. In meiner Arbeit mit Unternehmen in der Medizin- oder Chemiebranche, also Organisationen, die sehr forschungsintensiv sind, habe ich immer wieder erlebt, wie erfolgreich die Veränderungsphilosophie der Salamitaktik sein kann.

Etwas gänzlich anderes ist der Überraschungsangriff, der sich immer dann anbietet, wenn sehr schnell etwas passieren soll oder muss. Typische Beispiele sind Krisen, oder Situationen, die man so nicht kommen gesehen hat. Häufig wird dafür heutzutage der Begriff Disruption verwendet. Hier entscheidet sich eine Organisation, dass die Schnelligkeit der Veränderung viel wichtiger ist, als das Ziel der Mitarbeitereinbindung. So haben sich viele Automobilhersteller und -zulieferer entschieden, das Thema Elektromobilität in andere Firmen, Labs und Hubs auszulagern. Sie versuchen also nicht, mit all ihrem gestandenen Personal ein neues Thema zu bearbeiten, sondern lagern es gleich aus und fangen mit neuen Leuten an. Übrigens häufig auch an anderen Orten oder in neuen Büros.

Ein Veränderungstempo gegen null charakterisiert die Lage eines Monopolisten, der sich nicht ändern muss. Diese Organisation schläft den Schlaf der Gerechten und kümmert sich um Change Management überhaupt nicht. Warum auch?

Es ist also bereits ganz zu Beginn einer Veränderung eine wesentliche Entscheidung notwendig. Welcher Philosophie wollen Sie folgen?

Geht es darum, sowohl die Kraft und Kenntnis der Mitarbeiter umfassend einzubinden, als auch das Tempo der Veränderung hochzuhalten, ist Change Management das passende Vorgehen. Wenn Sie sich jedoch nur auf die Einbindung der Mitarbeiter *oder* auf die Geschwindigkeit der Veränderung konzentrieren. möchten, brauchen Sie den spezifischen Aufwand, den die Change Management-Philosophie mit sich bringt, nicht zu treiben. Wählen Sie dann die Salamitaktik oder den Überraschungsangriff als Philosophien für Ihr spezielles Veränderungsprojekt.

DIE ENTSCHEIDUNG FÜR EINE VERÄNDERUNGSPHILOSOPHIE IST EINE RICHTUNGSENTSCHEIDUNG: WELCHES VORGEHEN PASST ZUM VERÄNDERUNGSZIEL? EINE WIRKSAMKEITS- UND ERFOLGSGARANTIE LÄSST SICH AUS DIESER RICHTUNGSENTSCHEIDUNG ALLERDINGS AUCH NICHT ABLEITEN.

TREIBER DER VERÄNDERUNG

Es ist natürlich eine Binsenweisheit, dass die Anlässe oder Treiber einer Veränderung so vielfältig sind, wie es Unternehmen gibt. Jede Veränderung ist anders, ist spezifisch. Und dennoch haben die beiden Beraterkollegen Barbara Heitger und Alexander Doujak (2014) fünf Treiber der Veränderung identifiziert, deren Kenntnis für jeden Change Manager sehr hilfreich ist. Die folgende Abbildung zeigt sie

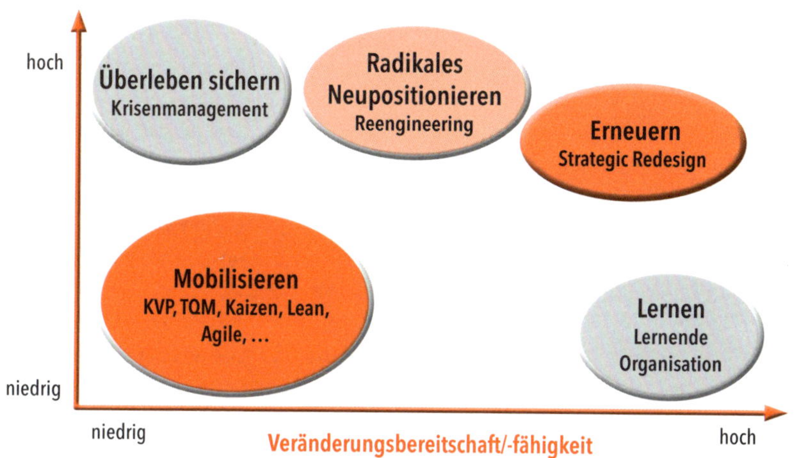

nach B. Heitger & A. Doujak

Wenn das Überleben eines Unternehmens auf dem Spiel steht, ist die Dringlichkeit zur Veränderung natürlich extrem hoch. Deshalb geht es in diesen Veränderungsprojekten zunächst einmal darum, dieser Dringlichkeit zu begegnen.

Der klassische Fall solch einer Veränderung ist die Sanierung oder Restrukturierung. In dieser Krise ist es zweitrangig, welche Bereitschaft die Organisation hat, sich zu verändern: sie muss es einfach tun! Denn eine Veränderung, um das Überleben zu sichern, ist „alternativlos". Das Veränderungsziel ist hier: Wir müssen den Kopf aus der Schlinge ziehen. Denn wenn die Firma untergeht, gibt es nichts mehr zu verändern.

In einer Organisation, die Veränderungen nicht nur gewohnt ist, sondern auch schon erfolgreich gestaltet hat, wird Veränderung Teil der Strategie, also des bewussten Vorgehens. Anders als beim eben dargestellten Krisenmanagement, wo der Treiber der Veränderung von außen und häufig unbemerkt kommt, ist der Ansatz der Erneuerung ein von innen angestoßener Veränderungsprozess. Unternehmen, die Erneuerung betreiben, folgen häufig dem Leitsatz, dass Stillstand Rückschritt sei, und sind deshalb ständig am Experimentieren und kontinuierlichen Schaffen von Innovation.

Die radikale Neupositionierung ist immer dann der Anlass einer Veränderung, wenn einer hohen Dringlichkeit begegnet und gleichzeitig die Fähigkeit zur Veränderung verbessert werden soll. Eine Organisation wählt meist den Weg der Neupositionierung, wenn sie spürt, dass sie ohne eine klare Veränderung nicht überleben wird. Das ist oft der Fall, wenn die Daten und KPIs „nach unten" zeigen bzw. das Unternehmen gegenüber dem Wettbewerb merklich zurückfällt. Das Management entscheidet sich dann für eine Veränderung bei voller Fahrt, d. h. es soll sowohl das Überleben gesichert, als auch erneuert werden. Disruptive Ereignisse, wie eine technologische Innovation, der Eintritt eines Wettbewerbers in den Markt, der das aktuelle Geschäftsmodell grundlegend bedroht, erzeugen eine dringende Notwendigkeit, sich radikal neu zu positionieren, um nicht zum Sanierungsfall zu werden.

Der Treiber des Mobilisierens ist der am häufigsten anzutreffende Anlass für Veränderung. Die Organisation will ihre Fähigkeit erhöhen, sich zu verändern und zu wandeln. Daher werden unterschiedliche Ansätze und Moden etabliert, die die Mitarbeiter und Teams im Unternehmen immer wieder daran erinnern sollen, über Veränderung nachzudenken. Total Quality Management, Kaizen und Lean sind dafür Beispiele bzw. Platzhalter für eine Vielzahl von Programmen, die die Organisation und ihre Teilnehmer „wachhalten" sollen. Durch eine erfolgreiche Mobilisierung verändert sich das Unternehmen von innen heraus und kommt so – hoffentlich – nicht in einen dringenden Veränderungsdruck, weil es die notwendigen neuen Dinge bereits von sich aus umgesetzt hat.

Gelingt der Organisation die Mobilisierung dauerhaft, sie also quasi Teil der Unternehmens wird, dann spricht Peter Senge, Professor am MIT, von einer lernenden Organisation. Veränderung ist hier normal, das Tagesgeschäft sozusagen. Die Organisation ist so ausgerichtet, dass sich alle Mitglieder der Organisation ohne Anstoß um kontinuierliche Veränderung und Anpassung an Neues kümmern. Dieser Treiber der Veränderung ist eng verknüpft mit den unter dem Begriff New Work diskutieren Konzepten der Agilität, Augenhöhe, kollegialen Führung und zunehmender Selbststeuerung der Arbeit.

Change Management ist also ein sinnvolles und wirksames Vorgehen für erfolgreiche Veränderungen. Bevor man sich allerdings für diesen bedeutungsvollen und aufwendigen Weg entscheidet, braucht es eine gute, zweistufige Diagnose.

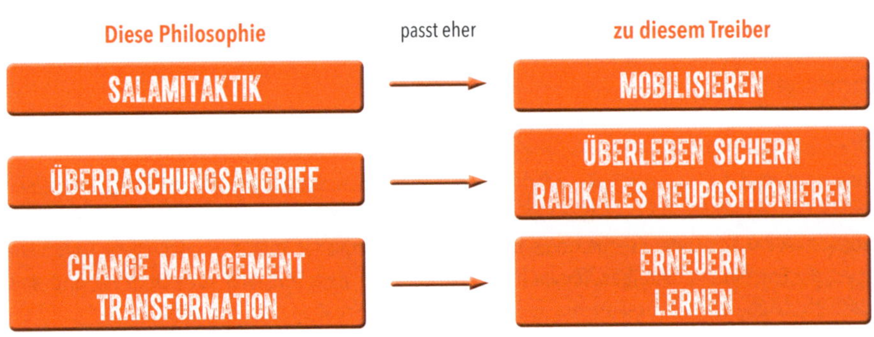

Immer wenn das Veränderungsziel in kurzer Zeit erreicht werden soll *und* eine hohe Mitarbeiterbeteiligung für die Zielerreichung notwendig ist, ist Change Management das wirksame Vorgehensmodell. Der hohe Aufwand für professionelles Vorgehen ist notwendig und gerechtfertigt. Braucht es nur einen dieser beiden Faktoren, wählen sie besser den Überraschungsangriff oder die Salamitaktik. Je nach Anlass der Veränderung fokussiert sich Ihre Veränderung,

- eher auf die schnelle Verringerung der Dringlichkeit, um zu überleben und am Markt zu bleiben (oft in Form eines „Überraschungsangriffes"),
  oder
- es geht um die Erzeugung der grundlegenden Veränderungsfähigkeit eines Unternehmens, damit es sich laufend, selbstständig und vorausschauend an den Wandel anpasst (oft in Form einer Transformation bzw. Change Managements).

VIER SÄULEN & FÜNF PRINZIPIEN JEDER WIRKSAMEN TRANSFORMATION

Organisationen sind per Definition auf Dauer angelegt und dienen einem (Unternehmens-)zweck. Change Management bedeutet immer den Eingriff in dieses lebendige, hoch-vernetztes soziales Gefüge mit eingespielten Routinen. Die Energie der zu verändernden Organisation ist dabei sehr oft auf die Aufrechterhaltung dieser „bewährten" Routineprozesse gerichtet. Denn diese Routinen stellen Sicherheit, Orientierung und Berechenbarkeit sicher – damit die Organisation funktioniert. Wer also hier etwas verändern will, tut gut daran, die grundlegenden Prinzipien jeder Organisation im Blick zu haben.

–> STRUKTUR KOMMT VOR PSYCHE

Der Startpunkt jeder wirksamen Transformation sollte bei Prozessen und Strukturen liegen, in denen das Unternehmen heute organisiert ist. Was soll verändert werden, was kann so bleiben?

Struktur kommt vor Psyche, lautet einer der Grundsätze erfolgreicher Transformation, die die konkrete Arbeitsumgebung und nicht die psychische Disposition der Menschen in der Organisation in den Vordergrund stellt. Denn vergessen wir nicht: Die Menschen sind auf der Arbeit, d. h. sie verbinden mit der Tätigkeit in einer Organisation auch immer den Zweck des Broterwerbes. In Ihrem Team sind sie meist mit Menschen zusammen, die sie sich nicht ausgesucht haben, sondern Führungskräfte und Personalreferenten haben diese Gruppe nach vornehmlich fachlichen Gründen zusammengestellt. Deshalb sind es ja auch Kollegen und nicht meine Freunde, mit denen ich einen Teamentwicklungsworkshop mache!

Wer erfolgreich den Wandel managen will, geht deshalb weg vom Psyche-Fokus hin zu einem systemischen Verständnis von Führung. Hier geht der Blick auf den Kontext, die Organisation und die Struktur. Denn Mitarbeiter eines Unternehmens, die klug und nicht naiv sind, richten ihr Verhalten natürlich an den Richtlinien und Gepflogenheiten in diesem Unternehmen aus; seien sie nun formell oder nur informell bekannt. Sie erkundigen sich, wie die Usancen sind, wen man besser nicht fragt und wo man die Berechtigungen für die Team-Laufwerke erhält.

Typische Beispiele formeller Art sind Rollenmodelle, Kompetenzregelungen, Prozessbeschreibungen, Organisationshandbücher, Organigramme, aber auch Grundsätze der Zusammenarbeit und Führung oder Unternehmenswerte. Diese Strukturen im Unternehmen sind es, die den Rahmen bilden, in dem die Veränderung stattfindet. Daher muss wirksames Change Management diese Strukturen ins Zentrum der Aufmerksamkeit stellen.

–> CHANGE MANAGEMENT IST EIN VERHANDLUNGSPROZESS

Die zweite Säule nimmt die Form und Art der Zusammenarbeit im Unternehmen in den Fokus. Denn jede Veränderung stellt die klassischen Fragen der Zusammenarbeit in Gruppen wieder neu:

- Wie komme ich an die nötigen Informationen, um meine Rolle erfolgreich auszufüllen?
- Wer darf hier was?
- Wen kann ich fragen, wen muss ich einbinden?
- Wie wird hier entschieden?
- Auf was muss ich hier besonders aufpassen?

Change Management bedeutet, dass unterschiedliche Erwartungen und Interessen neu justiert werden: Bereits bestehende Spielregeln der Kooperation müssen im Zuge einer Veränderung neu verhandelt werden. Es werden Aufgaben, Befugnisse und Verantwortung neu geklärt, die aktuellen Rollen müssen neu ausgehandelt werden.

–> VERHALTENSÄNDERUNG IST EINE INDIVIDUELLE ENTSCHEIDUNG

Die dritte Säule wendet sich dem Arbeitsverhalten von Individuen in der Organisation zu. Der Blick auf die vorher diskutierten Treiber der Veränderung zeigt es ja bereits: Immer wenn es um Veränderung geht, geht es für die Individuen in der Organisation letztlich um eine Verhaltensänderung. Denn Veränderung ist meist nicht nur technischer Natur, sondern hat fast immer Auswirkungen auf die Menschen der Organisation. Sie möchten, wollen, dürfen und sollen ihr Arbeitsverhalten anpassen: schneller oder langsamer werden, bisher selbst ausgeführte Tätigkeiten an die IT oder eine Maschine übergeben oder selbst statt fremdbestimmt agieren …

Diese Veränderung ist nicht trivial, denn nach meiner Beobachtung sind Erwachsene meistens stabile und reife Persönlichkeiten, die sich nicht gern von einer Organisation bzw. ihren Führungskräften

„verändern lassen". Sie ziehen es eher vor, „das Neue" aus eigenem Antrieb oder Neugier auszuprobieren. Daher ist der Umgang mit Emotionen so zentral für ein wirksames Change Management, weshalb diesem Thema auch ein ganzes Kapitel in diesem Buch gewidmet ist (→ Kapitel 3).

--> WER BILDET DIE KOALITION DER WILLIGEN?

Und die vierte Säule bildet die zentrale Frage nach dem Wer:

- Wer hat die Idee der Veränderung und macht sie bekannt?
- Wer engagiert sich in der Transformation und bringt die Veränderung in die Organisation?
- Wer ist anzusprechen und einzuladen, damit die Transformation gelingen kann?

In der Literatur hat sich für diese Gruppe der Begriff der Koalition der Willigen etabliert. Es sind die Personen, die aus eigenem Antrieb oder Neugier „das Neue" bewegen möchten. Diese Gruppe, die sich aus Persönlichkeiten ungeachtet der Hierarchie und der formalen Qualifikationen bildet, ist der notwendige Kern des Change-Prozesses.

WIE FÜR JEDES SPIEL SPIELREGELN EXISTIEREN, SO GIBT ES FÜR WIRKSAME VERÄNDERUNGSPROZESSE GRUNDLEGENDE PRINZIPIEN.

Daher lege ich Ihnen diese Basics sehr ans Herz und empfehle Ihnen, sich von Zeit zu Zeit zu vergewissern, ob Ihr Veränderungsprozess noch diesen Prinzipien folgt.

1. **Veränderung geschieht immer nur am Rande des Chaos, nie mittendrin.** Change Management gefährdet nie den Bestand der Organisation. Ganz im Gegenteil: die Veränderung soll ja gerade die Leistungsfähigkeit einer Unternehmung sichern oder erhöhen. Natürlich beginnt mancher Veränderungsprozess mit Überraschung, Krise, Katastrophe oder „Disruption". Diese „chaotischen" Phänomene sind Anlass oder Treiber einer Veränderung, aber nie ein Charakteristikum für den Veränderungsprozess selbst. Professionelle Transformation bringt das Unternehmensschiff auf Kurs und sicher durch den Sturm der Veränderung und nicht auf das Riff!

2. **Jede Struktur (Organigramme, Meetings, Dienstwagenregelung) kann thematisiert und bearbeitet werden, dass es ohne Strukturen im Unternehmen nicht geht, muss aber klar sein.** Wer Strukturen und Prozesse verändert, muss manchmal Mauern einreißen und tiefe Löcher bohren. Aber nie wird man das gesamte Haus sprengen und den Rest sich selbst überlassen. Strukturen, Prozesse und dahinterliegende Verabredungen sind sinnvoll, wenn Menschen in Organisationen zusammen etwas erreichen wollen. Wie diese Strukturen, Prozesse und Regeln aussehen sollen, muss bearbeitet werden, dass es welche gibt, ist nicht diskutierbar.

Im Veränderungsprozess kommt es auf Unterschiede und Widerstände an. Wie sollte sonst der Wandel auch deutlich werden? Eine Organisation ist auf die Stabilisierung der „bewährten" Routineprozesse gerichtet. Denn diese Routinen stellen Sicherheit, Orientierung und Berechenbarkeit her. Wenn Sie also Routinen hinterfragen, verändern oder gar abschaffen, sind Widerstände zu erwarten! Das Auftreten von Widerstand und anderen Emotionen ist aber ein natürlicher Vorgang in Veränderungsprozessen. Sie sollten sich eher Gedanken machen, falls Widerstand ausbleibt (→ Kapitel 3).

Interessen sollen geäußert und gehört werden, aber die eigene Perspektive ist nicht unantastbar. Für einen erfolgreichen Veränderungsprozess ist es notwendig, dass alle Beteiligten und Betroffenen ihre Interessen äußern. Ein professionelles Change Management stellt sicher, dass dafür ausreichend Zeit und Raum zur Verfügung stehen. Die Tatsache, dass jede und jeder zu Wort kommt, führt aber nicht dazu, dass die Interessen auch vollständige Berücksichtigung finden. Denn wenn sich eine Unternehmung auf den Weg der Veränderung macht, ist Wechsel gefragt. Da kann die eigene Perspektive nicht unantastbar bleiben.

Wirksame Veränderungen entstehen durch den Wettbewerb um den besten, neuen Weg, aber „Vernichtung der anderen" führt zum Ausschluss. Unterschiedliche Interessen konkurrieren in Debatte und Dialog. Dieser Wettbewerb der Ideen über die Zukunft ist notwendig, um voranzukommen.

WIRKSAME TRANSFORMATION BRAUCHT DEN SPORTLICH FAIREN WETTBEWERB. FOULS MIT DEM ZIEL DER VERNICHTUNG DER ANDEREN FÜHRT ZUR ROTEN KARTE.

METHODEN-SET

KANBAN BOARD

OKR

DESIGN SPRINT

USER STORY

KANBAN BORD

Kanban ist ein Vorgehensmodell, die sich sehr gut für das praktische Management von kontinuierlichen Veränderungen eignet. Im Gegensatz zu einem Überraschungsangriff, der darauf aufbaut, dass eine erhebliche Veränderung (der sogenannte „urgent case of change") am Beginn stehen muss, wird im Kanban die Transformation in kleine Schritte unterteilt und damit der Transformationsprozess sanft vorangetrieben. Weil viele kleine Änderungen durchgeführt werden, wird „das Neue" für die Mitglieder einer Organisation schneller erlebbar. Durch den Verzicht auf den einen großen Wurf wird zudem das Risiko für ein Scheitern des Transformationsprozesses reduziert. Darüber hinaus führt der eher sanfte Stil von Kanban in der Regel zu besser bearbeitbaren (nicht unbedingt geringeren) Widerständen (→ Kapitel 3) bei den Beteiligten.

Man erkennt die fundamentale Idee eines Kanban-Vorgehensmodells: etablierte Prozesse, Rollen und Teams bleiben weitgehend existent, und es werden auch keine neuen Jobs erfunden. Einen „Kanban Master" oder „Kanban Evangelisten" sucht man vergebens.

Wer eine Transformation aus der Haltung eines kontinuierlichen Verbesserungsprozesses bzw. dem Treiber des „Lernens" und nicht als disruptiven Überraschungsangriff betreiben will, für den ist Kanban ein nützliches Framework. Das bekannteste Werkzeug ist in der folgenden Abbildung dargestellt: das Kanban Board oder Task Board, das den aktuellen Stand der Bearbeitung zeigt.

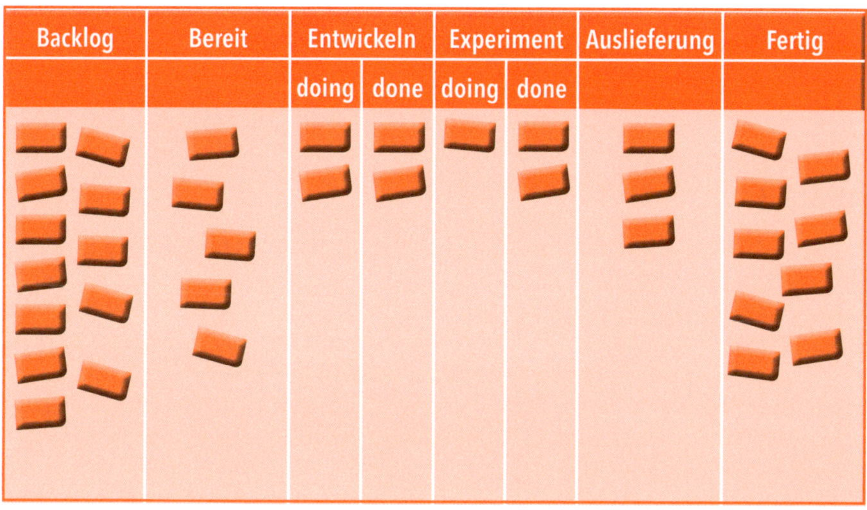

Es kann Projektabläufe und Aufgaben visualisieren und den Workflow optimieren. Regelmäßige kurze Treffen rund um das Board geben allen die Möglichkeit, den aktuellen Fortschritt der Transformation gemeinsam in den Blick zu nehmen. Diese Treffen, auch Stand-up-Meeting genannt, finden im Stehen statt. Drei Fragen stehen dabei im Zentrum

1 Was habe ich gestern erledigt?

2 Woran arbeite ich heute?

3 Was behindert meine Arbeit?

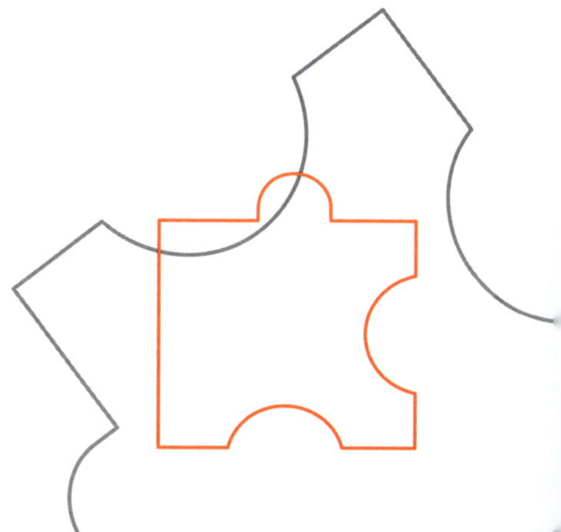

Wenn Sie das Board betrachten, können Sie von links nach rechts mithilfe der Spalten sofort erkennen, in welchem Prozessschritt die jeweiligen Aufgaben stehen. Mit einem Blick von oben nach unten erkennen Sie, wie viele Tasks das Vorhaben pro Spalte hat. Sofern die Aufgaben (Tasks), Themen, Teilprojekte oder Arbeitspakete vollständig gepflegt sind, ist auf einen Blick zu sehen,

- wie kompliziert das Vorhaben ist,
- wie der Fortschrittsgrad insgesamt und für jede Aufgabe ist,
- wo „Staus" und „Engpässe" vorliegen.

Es hat sich bewährt, die Zeilen nach Priorität zu sortieren, d. h. die wichtigsten Tasks nach oben zu setzen, sodass sie immer gleich in den Blick fallen. Die Karten, auf denen die Tasks stehen, sollten Sie eher klein halten, damit im jeweiligen Feld noch weitere Karten mit Notizen für besondere Informationen und wichtige Veränderungen ihren Platz finden. Natürlich sollte auch ersichtlich sein, wer die Anforderung derzeit bearbeitet. Falls Sie mit farblichen Kennzeichnungen, etwa einem Ampelsystem für den Fortschrittsgrad, arbeiten, gehören auch diese hierhin.

Sofern sich diejenigen, die mit einem Board ihre Arbeit steuern wollen, räumlich an einem Ort befinden, ist ein analoges Board an der Wand einem digitalen vorzuziehen. Ein Wandboard schafft ein haptisches Erlebnis. Karten, Stattys und Sticky Notes können angefasst und per Hand verschoben werden. Während sich vor dem Board das gesamte Team versammelt und jeder eine Veränderung durch seine Bewegung auslösen kann, sitzt bei der Arbeit mit einem Software-Werkzeug meist nur ein Mitarbeiter am Bildschirm und verschiebt auf Zuruf Dinge auf dem digitalen Board, während die anderen Teammitglieder weitgehend inaktiv sind. Bei Gruppen, die räumlich getrennt sind, sind digitale Boards jedoch eine sehr gute Lösung, um nervige Telefonkonferenzen zur Statusabfrage zu vermeiden.

DIE ARBEIT AM KANBAN BOARD UND IM STEHEN FÜHRT ZU KÜRZEREN, PRODUKTIVEREN UND LEBENDIGEREN MEETINGS.

OKR

Objectives und Key Results (OKRs) beschränken sich auf wenige qualitative Ziele (Objectives) und das Nachverfolgen mittels zentraler Ergebnisse (Key Results). Dabei unterschiedet sich die Arbeit mit OKRs von dem bekannten Führen mit Zielen vor allem durch die Kurzfristigkeit und die wenigen Ziele. Messbare Ergebnisse anstatt vereinbarte Aktivitäten stehen im Fokus. Ein gutes Key Result wäre nicht die Vorgabe „Wir rufen zehn Kunden an, um herauszufinden, ob sie unseren Service mögen", sondern „Wir haben von zehn Kunden die Rückmeldung, dass sie unseren Service weiterempfehlen würden."

Das Objective ist dagegen ein qualitatives Ziel, das die allgemeine Richtung innerhalb des aktuellen Veränderungsprozesses vorgibt, um ein gemeinsames Verständnis dafür zu schaffen, worauf der Fokus der Transformation liegt. Es ist daher nicht unüblich, ein Objective pointiert zu formulieren. Es soll die einfache Antwort auf die Frage liefern: „Was möchten wir gemeinsam erreichen?" Im Unternehmenskontext zielen Objectives üblicherweise direkt oder indirekt auf die Wertschöpfung ab. Typische Beispiele sind:

a) wir wollen die Zufriedenheit unserer Kunden erhöhen,
b) die Durchlaufzeiten in der Werkstatt verkürzen,
c) einen bestimmten Prozess digitalisieren.

Bei den Key Results handelt es sich um die von Mitarbeitern oder Teams selbst gewählten Beweise dafür, dass man dem Objective nähergekommen ist oder es erreicht hat. Am Ende eines OKR-Zyklus muss man in der Lage sein, zu überprüfen, zu welchem Grad das Objective erreicht wurde. Es nützt daher nur wenig, zu vereinbaren, dass man zufriedenere Kunden haben möchte. Key Results müssen genau und beobachtbar formulieren, woran Zufriedenheit erkennbar ist. Typische Beispiele sind

a) die Ergebnisse der Kundenbefragung verbessern sich um mindestens einen Punkt,
b) bis zum 31.12. hat sich die durchschnittliche Bearbeitungszeit von Werkstücken der Kategorie A um 2 Stunden verkürzt,
c) ein bestimmter Prozess benötigt zwischen Knoten x und Knoten z kein Papierformular und keine analoge Signatur/Unterschrift.

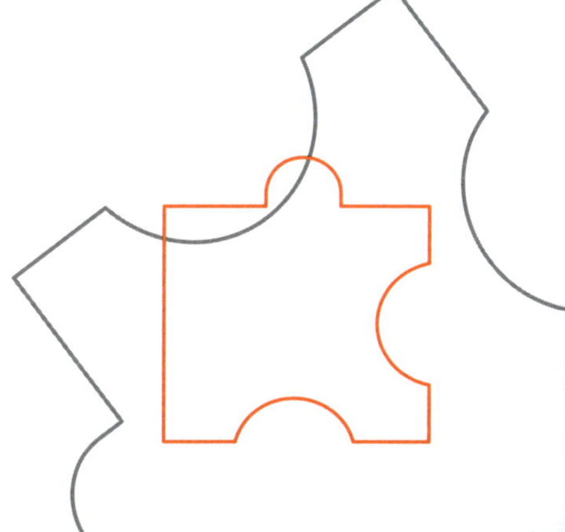

Ein Key Result beschreibt einerseits ein konkretes Ergebnis, das dem Objective nützt, und lässt gleichzeitig offen, auf welche Art und Weise dieses Ziel erreicht wird. Die Entscheidung darüber bleibt dem Team überlassen. Wenn Sie den nächsten Veränderungsprozess mit OKR unterstützen wollen, behalten sie bitte folgende Prinzipien stets im Blick:

- **Partizipation in alle Richtungen:** Die Definition und Abstimmung der OKRs erfolgt im Gegenstromverfahren, d. h. über einen Bottom-up- und gleichzeitigen Top-down-Prozess. Als Faustregel gilt, dass nur maximal 50 % der OKRs Formulierungen vom Management stammen sollten. Der Rest kommt von den Change-Agenten und Transformationsteams. Hinzu kommt, dass die OKRs in cross-funktionalen Teams, wie sie in Transformationen ja typisch sind (→ Kapitel 6), entstehen. Damit wird das in Organisationen häufig anzutreffende „Silodenken" aufgebrochen und die Kommunikation über die Veränderung (→ Kapitel 5) unterstützt.
- **Kurze Frist:** Drei Monate sind ein sinnvoller Rhythmus, in dem OKRs formuliert und dann einer Beobachtung/Revision unterzogen werden sollten. So wird die Relevanz der Ziele und wirksamer operativer Key Results angesichts der hohen Dynamik eines Change-Prozesses sichergestellt. Gleichzeitig ermöglicht diese kurze Frist „Quick Wins", die die Transformation positiv verankern, oder „Quick Revisions", die sicherstellen, dass der Pfad der Veränderung eng an der Organisationsrealität und den Reaktionen der Mitarbeiter (→ Kapitel 3) angelehnt ist.
- **Entkopplung von der Entlohnung:** OKR-Erfolge dürfen keine direkte Auswirkung auf individuelle Boni oder Prämiensysteme haben. Dies fördert ambitionierte Ziele, schafft Raum für Experimente, Risiko, Innovation sowie Fehler und die Chance, aus ihnen zu lernen.
- **Fokus auf wenige Ziele:** Fokus ist eine der Stärken des OKR-Vorgehensmodells. Wer ein Objective formuliert, schließt damit andere Ziele für die nächsten drei Monate aus. An bestimmten Themen des Wandels zu arbeiten, bedeutet also auch, an anderen Themen nicht zu arbeiten.
- **Evergreens** sollten Sie nach Möglichkeit vermeiden. Das Objective „Wir wollen die Zufriedenheit unserer Kunden erhöhen" ist ein solcher Evergreen, d. h. ein Ziel, gegen das niemand etwas sagen, das nie erreicht und abgeschlossen werden kann. Geeigneter wäre beispielsweise „Kunden empfehlen uns weiter".

OKRS SIND EIN LEICHT VERSTÄNDLICHES UND AKZEPTIERTES VERFAHREN. DURCH DEN FOKUS AUF WENIGE ZIELE UND IN KURZER FRIST ERREICHBARE ERGEBNISSE WIRD EFFEKTIVES ARBEITEN IN TRANSFORMATIONSTEAMS WIRKSAM UNTERSTÜTZT UND EIN SINNVOLLES STEUERUNGSRITUAL GESCHAFFEN.

DESIGN SPRINT

Sprints sind in! Nicht nur die Iterationen in Scrum tragen diesen Namen, der Dynamik verspricht. Inzwischen wurde das Konzept auch für andere Vorgehen adaptiert. So gibt es auch „Design Sprints", eine kompakte Anwendung des Design Thinking-Ansatzes, die besonders gut zu Beginn von Change-Prozessen einsetzt werden können.

Für einen wirksamen Design Sprint braucht es ein zum Change-Kontext passendes und für fünf Tage in Vollzeit verfügbares, multidisziplinäres Team (in der Regel die Koalition der Willigen), einen ungestörten Raum sowie ein Entscheider, der den Ressourcenrahmen (Finanzen, Personal, Zeit, …) kennt. Darüber hinaus kann ein versierter Moderator hilfreich sein. An jedem Tag eines Design Sprints wird ein anderer inhaltlicher Schwerpunkt bearbeitet: Verstehen – Unterscheiden – Entscheiden – Prototyping – Validieren.

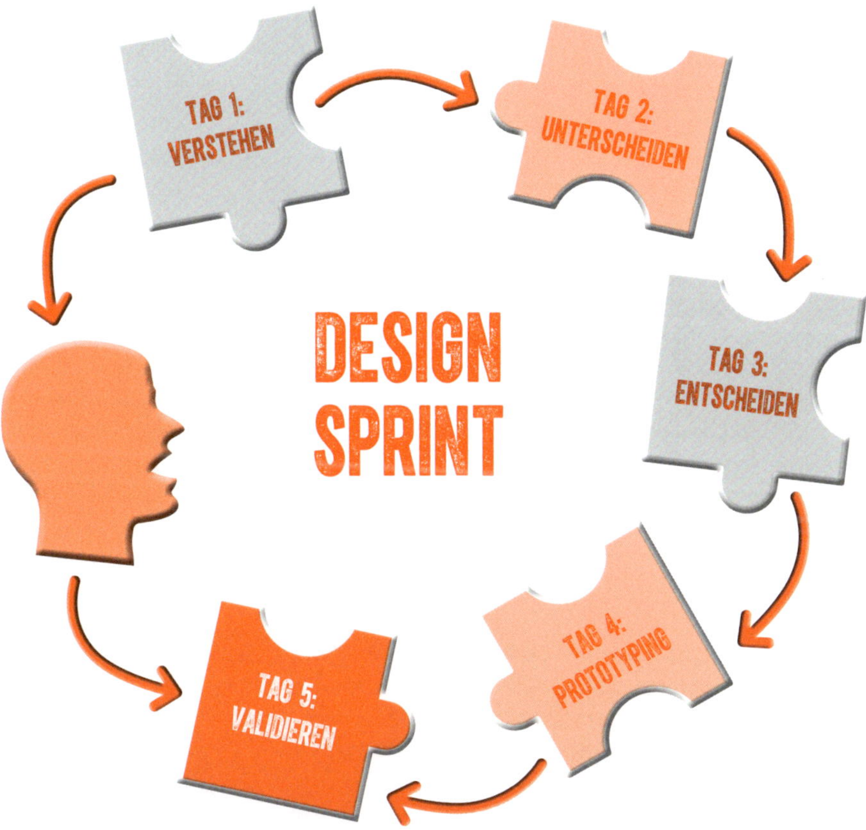

Zu Beginn wird der Fokus auf das Problemverständnis und das Ziel der Transformation gelenkt:

- Welcher case of change liegt vor?
- Was wird besser/anders, wenn die Transformation erfolgreich war?
- Was wurde bisher getan und wie war der Erfolg dieser Maßnahmen?
- Wer hat ähnliche Probleme/Ziele und was wurde dort getan?

Es ist eine facettenreiche Problemanalyse mit einem Blick auf die „Geschichte" des Themas. Daran schließt meist eine Recherchephase an, in der externe Informationen gesammelt, Experten interviewt und versucht wird, zu verstehen, was die „positiven Beispiele" erfolgreich macht. Am Ende des Tages steht ein kurzes Backlog, das für die restlichen vier Tage als Anforderungsdefinition (defintion of done) genutzt wird.

Am zweiten Tag fokussiert die Gruppe auf potenzielle Lösungen. Dabei wird bewusst nach einem Trichtermodell vorgegangen, d.h. alle Lösungsansätze werden vorbehaltlos gesammelt und nicht sofort bewertet. Es empfiehlt sich, dass alle Personen ihre Lösungsideen zunächst allein formulieren, bevor sie am Mittag zusammengetragen und visualisiert werden. Am Nachmittag werden dann alle Teilnehmer des Design Sprints die Ideen weiterentwickeln, neu kombinieren und erste Lösungspfade skizzieren.

Nun werden die verschiedenen Lösungsskizzen so weit konkretisiert, dass sie verglichen werden können. Um aus diesen Skizzen diejenige auszuwählen, die weiterverfolgt und in Form eines Prototyps getestet werden soll, nutzt die Gruppe ein Priorisierungsverfahren, beispielsweise die bekannte Klebepunktabfrage.

Jetzt folgt eine konkrete, haptische Arbeit. Das Team erstellt einen Prototyp mit Fokus auf eine möglichst reale Benutzeroberfläche und Interaktionsmöglichkeit. Das Produkt wird real „anfassbar".

Im Kontext des Change Managements, in dem es ja häufig um einen Prozess und nicht um ein konkretes Produkt geht, empfehle ich bei diesem Schritt, eine ausführliche User Story (die gleich vorgestellt wird) und einen ersten Phasenplan zu entwickeln. So werden das Ziel und der Sinn der Transformation dargestellt und gleichzeitig die Frage nach der Umsetzung beantwortet.

Am fünften Tag hat das Ergebnis des Design Sprints den ersten echten Kontakt mit der Organisation. Der Prototyp bzw. die User Story und der Phasenplan werden vielen Mitgliedern der Organisation vorgestellt und nach deren Einschätzung befragt. Dadurch können die Ideen bestätigt oder verbesserungswürdige Punkte im Veränderungskonzept aufgedeckt werden.

Bei einem Design Sprint haben Sie in nur einer Arbeitswoche wertvolle Erkenntnisse über Ihre Zielgruppe, deren Bedürfnisse und konkrete Probleme gewonnen sowie Lösungen abgeleitet, umgesetzt und konkret getestet. Sie können einen Design Sprint zu Beginn ihrer Transformation einsetzen, um schnell Erkenntnisse zu gewinnen und mit ihrem Team ins gemeinsame Handeln zu kommen.

Genauso kann ein Design Sprint im Laufe des Change-Prozesses immer wieder als gezielter Impuls eingesetzt werden.

Eines der zentralen Grundprinzipien hinter allen Sprint-Ansätzen ist die jeweils kurze und feste Zeitspanne (die sogenannte „Timebox"), in der konkrete Ergebnisse erarbeitet werden. Die Timebox ist fix, das Vorgehen und die Inhalte werden daran ausgerichtet, nicht umgekehrt. Dadurch werden Entscheidungen forciert und die Planung vereinfacht.

USER STORY

Es gehört zu den Binsenweisheiten des Change Managements, dass gute Geschichten über die Transformation mindestens genauso wichtig sind wie das Management des Change selbst. Denn wer Menschen zu einer Verhaltensänderung bewegen möchte, schafft das nicht nur mit reinen Fakten. Die Transformation muss als nützlich, konkret und sinnvoll erlebt werden.

Im Rahmen des agilen Projektmanagements hat sich die sogenannte User Story als wirksames Mittel zur Formulierung von Anforderungen an eine zukünftige Lösung entwickelt. Sie schildert die Anforderungen aus Sicht des Nutzers, ist bewusst kurzgehalten und umfasst in der Regel nicht mehr als zwei bis vier Sätze. Zwei Kernelemente kennzeichnen eine wirksame User Story, die Syntax und die Akzeptanzkriterien:

- Eine User Story konzentriert sich allein auf das WAS, nicht auf das Wie, und folgt einer bestimmten Syntax/Schema:

  Als [Rolle] möchte ich [Aktion], um [Ergebnis] zu bekommen.

  Zum Beispiel: Als Geschäftsführung möchten wir bis Ende des Jahres die Einführung der Matrix-Organisation begleiten lassen, damit die Mitarbeiter in der neuen Struktur schnell produktiv sind. Wir haben dafür ein Budget von 1,7 Mio. € reserviert.

- Die Kriterien, die ein Kunde (User) anlegt, um das „Produkt" zu akzeptieren, sind der zweite wesentliche Teil der „User Story".
  Beispiel. Externe Begleiter wurden benannt und eine Projektorganisation „Begleitung der Einführung der Matrixorganisation" mit allen Führungskräften der Ebene N-1 F1-Kräften abgestimmt.

KAPITEL 2

SO GESTALTEN SIE CHANGE 4.0

Wir erleben spannende Zeiten. Digitale Technik erweitert nicht nur unsere Möglichkeiten, sondern beschleunigt auch unsere Abläufe. Das hat viele Vorteile, denn statt die Laufzeit eines Postbriefes abzuwarten, versenden wir Informationen in Echtzeit und in einer Menge, die früher einen ganzen Postwagen gefüllt hätte. Anlagenwartung kann ohne Anfahrtsweg direkt und remote geschehen, die Fehlersuche wird durch systematische Suchalgorithmen schneller und exakter. Um neue Produkte zu entwickeln, wird heute nur einen Bruchteil der Ressourcen und vor allem der Zeit benötigt, die beispielsweise die Entwicklung von Computern oder Mikroprozessoren beanspruchte.

Über Change Management ist schon viel geschrieben worden. Daraus hat sich ein Repertoire entwickelt, das sich während der letzten 20 Jahre im Einsatz meist bewährt hat. Ich bin überzeugt, dass Sie mit diesem Repertoire 2.0 viele aktuelle Veränderungsprozesse gut bewältigen können.

Allerdings beobachte ich auch, dass sich die Rahmenbedingungen für wirksame Veränderungen wandeln. Das Umfeld der Unternehmen wird ungewisser, komplex und dynamischer. Dieses wird in Diskussionen gern mit den Akronymen 4.0, VUCA oder Disruption beschrieben. Dieses neue Umfeld führt dazu, dass Organisationen ein Change Management 4.0 brauchen, das das klassische Repertoire 2.0 der letzten zwanzig Jahre erweitert.

Organisationen und die Menschen, die darin tätig sind, stellt diese Beschleunigung vor große Herausforderungen. Die Zeit, sich von einem zu verabschieden, um das Andere zu nutzen bzw. zu lernen, verkürzt sich. Daraus ergibt sich eine neue Aufgabe für wirksames Change Management, das Organisationen ja helfen soll, mit Veränderungen gut umzugehen. Der Veränderungsprozess muss

- in kürzerer Zeit erfolgen und
- mit weniger Ressourcen auskommen.

Natürlich bedeutet Change Management 4.0 weiterhin, von einem Veränderungsprozess auszugehen,

- der achtsam gegenüber Widerstandsphänomenen (→ Kapitel 3) ist und die darin enthaltene Botschaft neugierig und aktiv bearbeitet,
- der vielfältige Kommunikationsformate (→ Kapitel 4) nutzt, damit Veränderung wirksam werden kann, und
- der die Gruppenintelligenz in Veränderungsteams und die professionelle Rolle von Change-Agenten (→ Kapitel 5) nutzt.

Change Management für die heutige Zeit bedeutet darüber hinaus, Transformation offener und agiler zu gestalten,

- weil unvorhergesehene Phänomene nicht mehr mit starren Vorgehensmodellen gemanagt werden, sondern Organisationen erst beim Erstkontakt mit einem neuen Phänomens Ideen des Umganges damit entwickeln können. Der Weg entsteht beim Gehen.
- weil geplantes Vorgehen und abgestimmte Prozesse immer häufiger die Begegnung mit der Organisationsrealität nicht überleben.
- weil die Idee, dass wenige kundige Personen in der Rolle von Change-Agenten quasi stellvertretend für die Organisation die Veränderung organisieren, an Kraft verliert.

Die Themen sind zu vielfältig und miteinander verwoben. Da braucht es mehr Selbstorganisation, agiles Arbeiten oder eben: Segeln auf Sicht.

SEGELN AUF SICHT

„Segeln auf Sicht" nennt der viel zu früh verstorbene Peter Kruse die angemessene Reaktion auf zunehmende Veränderungsgeschwindigkeit und wechselnde Winde. Denn die Paradigmen für Führung und Management haben sich geändert: In einer digitalen Welt haben die Organisationskulturen einen entscheidenden Vorteil, die Werte verkörpern, die Komplexes von Kompliziertem unterscheiden und die gerade in stürmischer See Haltung zeigen.

WAS UNS ZUKÜNFTIG VORANBRINGT, SIND DIE PROTOTYPEN, DIE „GOOD ENOUGH" SIND – NICHT DIE DURCHGETESTETEN EXZELLENZLÖSUNGEN.

Ausgefeilte Pläne abzustimmen und niederzuschreiben ist oft nur noch Zeitverschwendung. Detailsteuerung, Vorgehensmodelle und eindeutige Change-Prozesse, bei denen in der Formulierung um jedes Wort gerungen wird, sind bereits nach deren Drucklegung obsolet. Kanban Boards (→ Kapitel 1), Canvas (→ Kapitel 5) und Sprints (→ Kapitel 1) sind dagegen sinnvolle Hilfsmittel, um die nächsten Schritte gemeinsam anzugehen, um sie transparent zu machen und das Vorgehen leichter an neue Erkenntnisse anzupassen. Dabei gilt: Wirksames Change Management 4.0 benötigt ein breites Repertoire, denn es gibt keinen allein richtigen Change-Prozess.

Ambivalenz ist das Paradigma für wirksames Change Management 4.0:

1. Handle lieber rasch und unvollständig, statt spät und vollständig.
2. Halte die Organisationsstruktur in den zentralen Wertschöpfungsketten stabil und ermögliche gleichzeitig die Konflikte und Reibungen, die zu produktiven Veränderungen führen.
3. Gestalte die Transformation nach der 3i-Regel:
   - ITERATIV, ALSO IN SCHRITTEN VORGEHEND,
   - INTEGRATIV, ALSO MIT DER INTELLIGENZ DER VIELEN IN GRUPPEN ARBEITEND, UND
   - INKREMENTELL, ALSO KLEINE, FUNKTIONIERENDE „GOOD ENOUGH"-LÖSUNGEN UMSETZEND.

Wenn der Markt unübersichtlich und Innovations- und Produktzyklen angesichts der digitalen Technologien immer schneller werden, ist es klug, kurze Strecken mit hoher Intensität zu „sprinten", statt für lange Reisen eine Menge Gepäck mitzuführen.

Auch beim Segeln auf Sicht sind Entscheidungen, Verbindlichkeit und Verantwortungsübernahme wichtig und notwendig. Und es braucht die Lust, sich immer wieder neu zu entscheiden, statt Weichenstellungen zu betonieren. Es gilt, nach dem Prinzip „zeitnah, aber nicht im Affekt" zu führen.

PRINZIPIEN STATT REGELN

Wirksame Transformationen 4.0 funktionieren eher, wenn sie sich auf die Formulierung von Prinzipien konzentrieren. Denn Prinzipien sind starren Regeln in einer vielfältigen, flexiblen und ungewissen Umwelt überlegen!

Regeln sind allgegenwärtiger Bestandteil unseres (Arbeits-)Lebens. Sie formulieren, was zu tun ist. Das ist bei Situationen gut und sinnvoll, die bekannt sind oder stabil prognostiziert werden können. Man muss nicht diskutieren und entscheiden, was zu tun ist, man folgt einfach der Regel. Basta!

Wenn aber Organisationen hoher Dynamik ausgesetzt sind, in der man mit der Setzung von Regeln nicht mehr nachkommt, dann ist es klug, mehr auf die Kraft von Prinzipien und weniger auf feste Regeln zu setzen:

- weil Regeln , und seien sie noch so umfassend oder für unterschiedlichste Situationen und Fälle definiert, nie die Dynamik eines heutigen Veränderungsprozesses 4.0 abbilden können,
- weil die Kontrolle auf die Einhaltung der Regeln nicht nur mühsam und zeitraubend, sondern auch nicht wertschöpfend ist,
- weil Regeln einen Führungsstil des „Command & Control" unterstützen, den ich für demotivierend und nicht zukunftsrobust halte,
- weil Prinzipien keine Vorgabe machen, was zu tun ist, und deshalb jede Situation eine eigene, konkrete Entscheidung erfordert. Dieser „Zwang" zur Entscheidung schafft Transparenz und Eigenverantwortung. Das Verstecken hinter einer Regel gehört dann der Vergangenheit an.
- weil Prinzipien einen Rahmen abstecken, in dem Handlungsräume für Selbstständigkeit, Ideen und Verantwortungsübernahme entsteht.

WIRKSAME PRINZIPIEN sind z. B.

KUNDENZUFRIEDENHEIT UND DIE AKTIVE EINBINDUNG DER STAKEHOLDER

Sie schaffen ein Ergebnis, das von den Nutzern akzeptiert und als wertvoll angesehen wird. Denn die Benutzer des Produktes und nicht die Ersteller bestimmen, ob ein Produkt nützlich ist.

DIE MEINUNG DER GRUPPE STICHT DIE DES EINZELNEN

Nutzen Sie die Kraft der Gruppe, indem Sie Unterschieden, Hoffnungen und Befürchtungen genauso wie Begeisterung und Widerstand eine gute Heimat geben.

AUSPROBIEREN UND FEEDBACK-SCHLEIFEN

Denn Prototypen, Experimente und Zwischen-Tests, also empirisches Vorgehen, sind einer detaillierten Planung über Monate oder gar Jahre bei hoher Dynamik und Komplexität überlegen. Statt ermüdendem Durchhalten in der Planwirtschaft setzen Sie lieber auf neugieriges Erkunden, offene Reflexion und stetiges Lernen.

OFFENHEIT UND VISUALISIERUNG

Bringen Sie ein Change Projekt „unter die Leute" und laden zum Mitmachen ein. Statt sich über Dateiformate, Lese- und Schreibberechtigungen, Reporting-Vorlagen und andere Standards Gedanken zu machen, lassen Sie einfach die Türen offen, nutzen sichtbare Boards und weitere Werkzeuge der Zusammenarbeit wie Jira-Confluence, Teams, Trello, Google suite, Slack, Drive oder Dropbox.

SELBSTORGANISATION UND ERMÄCHTIGUNG

sind die wirksame Antwort auf die Herausforderungen, denen wir in den Unternehmen begegnen. Die Zeit der einsamen Helden an der Spitze, die die notwendige Veränderung „bis zur vollständigen Erschöpfung durchkämpfen", ist vorbei. Das Team vor Ort an der Peripherie kann am besten entscheiden, welche Vorgehensweise und Methoden sinnvoll sind.

PRÄFERENZ FÜR DEZENTRALITÄT

Dezentralität gegenüber zentraler Steuerung vorzuziehen macht das Unternehmen nicht nur flexibler und schneller, sondern auch vielfältiger und „klüger". Erfolgreiche 4.0 Organisationen stärken deshalb die dezentralen Einheiten und räumen ihnen hohe Eigenverantwortung ein. Praktische Alltagsaufgaben und kundennahe Tätigkeiten werden dezentral bearbeitet, während beispielsweise die dazugehörige Produktinnovation und Strategie in den zentralen Einheiten verbleiben. So wird der Flaschenhals zentraler Steuerung vermieden, und die Arbeitsteilung zwischen dem Zentrum und der Peripherie führt zu einer gegenseitigen Befruchtung.

Damit wir uns nicht missverstehen: Die Forderung nach weniger Regeln und mehr Prinzipien meint nicht, alle Regeln abzuschaffen. Denn Regeln sind dort sinnvoll, wo eine stabile, gut prognostizierbare Umgebung vorherrscht.

WENN ES DYNAMISCH UND UNGEWISS WIRD, DANN IST EINFLUSSNAHME ÜBER PRINZIPIEN DER STEUERUNG MIT REGELN ÜBERLEGEN.

TRANSFORMATION ON THE FLY

Klassische Change 2.0-Ansätze hatten ausreichend Zeit für die Kommunikation, die Nutzung von Widerständen und Lernen der veränderten Spielregeln. Heute steht einer Transformation 4.0 weniger Zeit zur Verfügung – bei größerer Ungewissheit. Ich nenne diese Entwicklung „Transformation on the fly". Die folgende Abbildung macht deutlich, dass klassisches Change Management 2.0 einem linearen und kausalen Modell folgt, während moderne Ansätze zirkulär und experimentell angelegt sind. Zunächst werden die Werte und Prinzipien der Transformation geklärt, um dann in eine Phase des Ausprobierens einzusteigen. Die Ergebnisse dieser Experimente werden unter dem Gesichtspunkt Nutzen bewertet und entweder etabliert oder verworfen und ein neues Experiment begonnen.

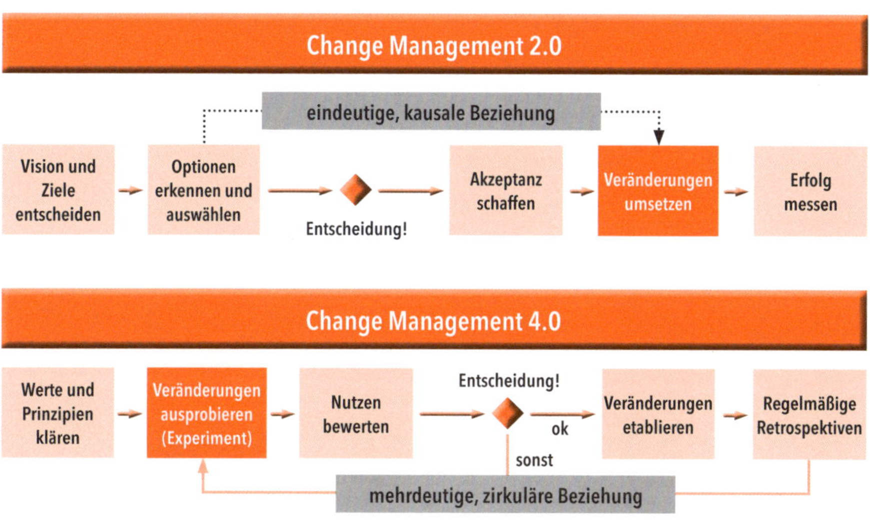

Bernd Oesterreich (https://kollegiale-fuehrung.de)

Organisationen, die den Weg des Change Managements 4.0 gehen, gelingt es, die Strukturen zu verflüssigen. Bitte verwechseln sie dies nicht mit flexiblen Strukturen, die wir schon seit langem kennen (z. B. Outsourcing, befristete Arbeitsverträge oder Auftragsfertigung).

Fluide Strukturen sind durch Vielfalt und ständige Anpassung gekennzeichnet. Dies bedeutet, dass sich die Form der Bearbeitung jedes Mal neu an das Thema anpasst und deshalb unterschiedliche Bearbeitungsformen auch gleichzeitig in der Organisation existieren. Da werden die Produkte in klassischer Bandfertigung unter Zuhilfenahme von LEAN Prinzipien gefertigt, die Steuerungssoftware mit der SCRUM Methodik und Sprint Logik agil entwickelt und das Strategieprojekt nach klassischer Wasserfallmethodik mit Meilensteinen vom Vorstandsvorsitzenden gesteuert.

STAKEHOLDER MAP

MARKTPLATZ DER MACHER UND PROJEKTMARKT

PROJEKTPARLAMENT & KONSENSWERKSTATT

LEAN STARTUP

STAKEHOLDER MAP

Wenn es um wirksame Transformation geht, ist die Analyse des Umfeldes und die Kenntnis derjenigen, die ein Interesse an einem Veränderungsprozess haben (Stakeholder), ein Erfolgsfaktor. Beginnen Sie daher einen Veränderungsprozess mit einer Stakeholderanalyse.

SCHRITT 1: STAKEHOLDER AUFLISTEN

Erstellen Sie zunächst eine Liste aller Stakeholder und deren Interessen am Veränderungsvorhaben. Dabei ist es klug, nicht von *vermuteten* Interessen auszugehen, sondern durch Interviews oder der Analyse von Unterlagen zu expliziten Beobachtungen zu gelangen. Hilfreiche Fragen sind:

- Wie stehen Sie zu dem Ziel, der Vision oder den einzelnen OKR der Transformation?
- Woran werden Sie erkennen, dass die Veränderung erfolgreich ist?
- Was darf im Change-Prozess nicht passieren?
- Wie werden Sie die Transformation unterstützen? Welche Ressourcen stellen Sie zur Verfügung? Wie wollen Sie informiert oder eingebunden werden? Gehören Sie zur „Koalition der Willigen"?

SCHRITT 2: EINFLUSSMATRIX ERSTELLEN

Die Einflussmatrix in der folgenden Abbildung visualisiert den Zusammenhang zwischen dem Grad des Einflusses auf die Transformation und dem Interesse eines Stakeholders am Erfolg des Veränderungsprozesses. In ihr werden alle Stakeholder aus dem ersten Schritt 1 „verortet". Denn je nach Position in der Einflussmatrix ist der Umgang und die Kommunikation (→ Kapitel 4) mit ihnen unterschiedlich.

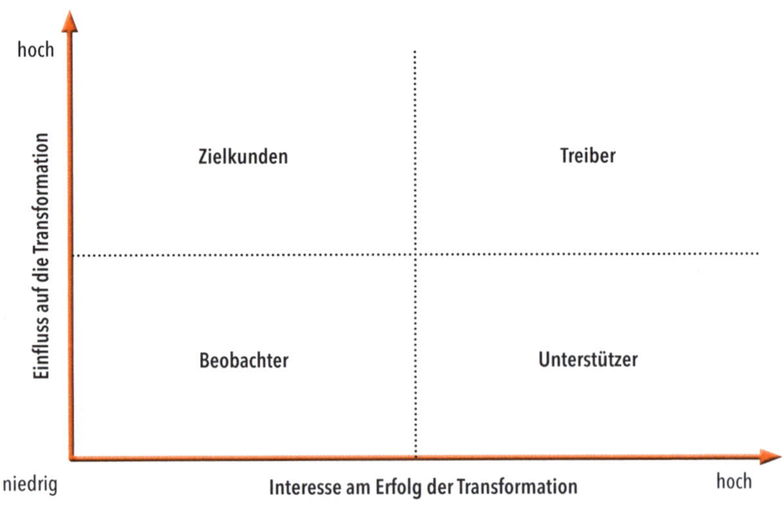

SCHRITT 3: STAKEHOLDER MAP ABLEITEN

Nun erarbeiten Sie an einer Pinwand die Stakeholder Map, die in der folgenden Abbildung zu sehen ist. Halten Sie das Ziel oder die Vision der Transformation, den case of change, auf einer ovalen Karte fest und kleben sie es in das Zentrum der Pinwand.

- Dann nutzen Sie die Ergebnisse aus Schritt 1 und 2, indem Sie jedem Stakeholder den Grad seines Einflusses auf verschieden großen runden Karten zuordnen. Die Größe der Karte zeigt die Höhe des Einflusses an!
- Das Interesse am Erfolg der Transformation stellen Sie durch unterschiedliche Abstände der runden Karte zum Ziel der Transformation (die ovale Karte im Zentrum) dar.
- Diskutieren Sie nun anhand entstandenen Übersicht die spezifischen Interessen und unterschiedlichen Erwartungen an das Thema. Zeichnen Sie dazu Verbindungslinien, an denen Sie in Stichworten die Erwartungen notieren.
- Im letzten Schritt erarbeiten Sie, welche Konsequenzen das Ergebnis der Analyse für Ihre Arbeit haben wird. Was müssen Sie nochmals überdenken, welche Initiativen ergreifen?

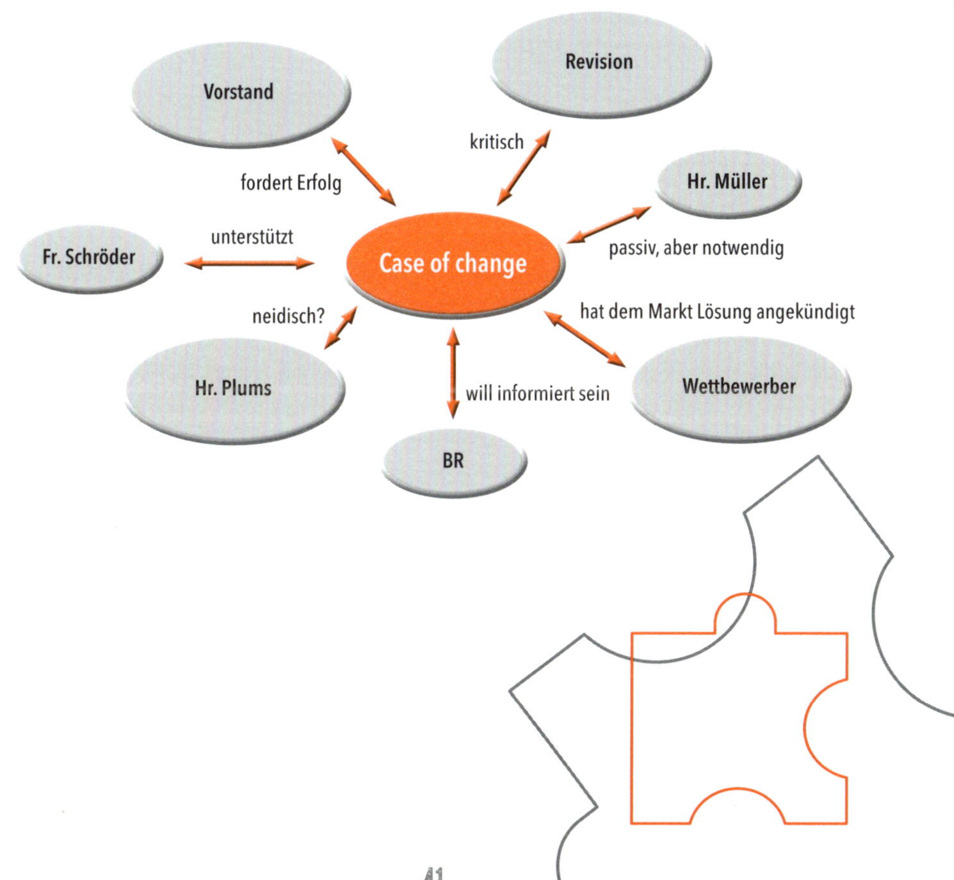

Es ist nützlich, wenn Sie sich in die Rolle der jeweiligen Akteure hineinversetzen und dabei Ihre Notizen aus Schritt 1 nutzen. Sie werden dadurch das Umfeld der Transformation frühzeitig erhellen und beugen einer „Schmalspurlösung" vor. Widerstände (→ Kapitel 3) und bisher unbekannte Verbündete werden sichtbar.

MARKTPLATZ DER MACHER UND PROJEKTMARKT

Dieses Großgruppenformat basiert auf Erkenntnissen der Effectuation-Forschung. Es geht darum, alle Potenziale der Organisation in Bezug auf das Transformationsziel sichtbar zu machen, daraus die am besten umsetzbaren Maßnahmen auszuwählen, verlässliche Partnerschaften (Teams) zu bilden und möglichst schnell ins Handeln zu kommen.

SCHRITT 1: SETUP

Im ersten Schritt werden die „Leitplanken" der Transformation definiert, also die Denkrichtung abgesteckt. Dabei hat es sich bewährt, das Ziel zu Beginn nicht zu konkret zu definieren. Möglichst konkret soll dagegen beschrieben werden, welches Ziele im Veränderungsprozess nicht verfolgt werden soll.

SCHRITT 2: MITTELANALYSE

Im zweiten Schritt analysiert jeder Teilnehmer seine eigenen Mittel, die ihm für die anstehende Pionierarbeit zur Verfügung stehen. Drei Fragen muss sich jeder im Team stellen:

- Wer bin ich, wofür brenne ich? (Werte, Präferenzen, Motivatoren, ...)
- Was kann ich, was fällt mir leicht? (Erlerntes, Fähigkeiten, Talente, Erfahrungen, Kompetenzen, ...)
- Wen kenne ich, wozu habe ich Zugang? (Kontakte, Netzwerk, Ressourcen, ...)

Bei der Beantwortung dieser Fragen sollte der Fokus sehr konkret auf der geplanten Change-Initiative liegen. Eine Reduktion auf „rein Berufliches" ist dabei zu vermeiden, denn neue Optionen ergeben sich oft erst, wenn man gezielt „über den Tellerrand" hinaus auf Freizeitaktivitäten, Hobbies und Ehrenämter blickt.

Die individuellen Mittelanalysen werden dann im Team vorgestellt. Auf dieser Basis kann das Team ein gemeinsames Mittelinventar erstellen und damit alle im Team verfügbaren Mittel transparent machen:

- Welche Mittel waren uns so gar nicht bewusst?
- Welche Mittel lassen sich kombinieren?
- Welche neuen Möglichkeiten ergeben sich für alle daraus?
- Wo sind wir als Team gut aufgestellt, wo haben wir Lücken?

- Welche weiteren Mittel stehen uns zur Verfügung, aus denen wir gänzlich neue Lösungsansätze entwickeln können? Welche Lücken könnten wir damit ausgleichen?
- Ergeben sich aus den vorhandenen Mitteln alternative Wege?

Das Mittelinventar ist praktisches und ökonomisches Change Management, da zunächst einmal mit den vorhandenen Stärken und Möglichkeiten gearbeitet wird, um davon ausgehend schnell ins Handeln zu kommen. Ein schöner „Nebeneffekt" der Mittelanalyse ist das bessere Kennenlernen der Teammitglieder und der Zuwachs an Team-Spirit und Selbstbewusstsein, wenn visualisiert wird, welches Repertoire vorhanden ist.

SCHRITT 3: HANDLUNGSOPTIONEN

Nun entwickelt jeder Teilnehmer innerhalb der im Setup definierten Leitplanken konkrete Ideen. Dabei verwendet man die in Schritt 2 identifizierten eigenen Mittel als Grundlage. Es geht hierbei gerade nicht darum, möglichst brillante, visionäre oder verrückte Ideen zu produzieren, sondern möglichst solche, die man mit den eigenen Mitteln praktisch angehen kann.

SCHRITT 4: MARKTPLATZ

Das Kernstück des Marktplatzes der Macher ähnelt einem Speed-Dating: Für jeweils zehn Minuten treffen sich zwei Personen und stellen sich gegenseitig die eigenen Ideen vor, die sie konkret umsetzen möchten. Ziel ist, Partner für die eigenen Ideen zu gewinnen und verbindliche Vereinbarungen zu treffen: Neue Partner bringen dabei neue Mittel in das Vorhaben ein, vielleicht aber auch neue Zielvorstellungen. Nach Ablauf der zehn Minuten treffen sich neue Paare zum Dialog. Manche Ideen finden keine Mitstreiter, manche gehen in ähnlichen Vorhaben auf, aber einige finden viele Partner und entwickeln sich somit zu konkreten Vorhaben innerhalb des Veränderungsprozesses.

SCHRITT 5: STARTSCHUSS

Im fünften Schritt werden die gereiften Ideen der gesamten Gruppe vorgestellt. Es werden die Ideen weiterverfolgt, die die meisten Unterstützer im Plenum haben.

Abschließend finden sich die Teams der ausgewählten Ideen zusammen, klären ihre Rollen und planen die nächsten konkreten Schritte. Für das Design solcher Vorhaben haben sich die folgenden Prinzipien bewährt:

- handeln statt analysieren,
- konkret Machbares statt vage Visionen,
- nur das einsetzen, was man zu verlieren bereit ist,
- Fehler (und daraus Lernen) sind erlaubt.

Die ausgewählten Vorhaben werden transparent gemacht und ein gemeinsamer Review-Termin festgelegt. Das schafft Verbindlichkeit und die Möglichkeit, aus Erfolgen und aus Fehlern gemeinsam zu lernen.

PROJEKTPARLAMENT & KONSENSWERKSTATT

Von Gerhard Wohland stammt der Begriff des dynamikrobusten Managements. Damit wird aus meiner Sicht sehr gut illustriert, worum es geht: Change-Prozesse sind durch Unvorhergesehenes gekennzeichnet (denn sonst wären sie Verfahrenstechnik), und wirksames Change Management muss damit umgehen können (denn wofür wäre es sonst da)!

„Dynamikrobuste *[Veränderungs-]* Projekte sind temporäre Gebilde, die immer von einer permanenten Organisation (Linie) umgeben sind. Projekte werden nur für Probleme benötigt, die die Linie nicht lösen kann. Wir beschreiben dies durch die Unterscheidungen temporär/permanent und innovativ/operativ (oder: Zentrum/Peripherie)" [Wohland 2012].

Die Bereiche 1 und 2 auf der rechten Seite der folgenden Abbildung zeigen den bekannten hierarchisch organisierten Teil des Linienmanagements einer Organisation. Links findet sich der Bereich des Projektmanagements, der uns hier besonders interessiert. Die herkömmliche Lösung des Schnittstellenproblems zwischen dem temporären Veränderungsprojekt und der permanenten Linie findet sich oben in der Abbildung: der Lenkungsausschuss. Er ist ein wirksames Managementgremium für komplizierte Transformationen und Themen der 2.0-Welt.

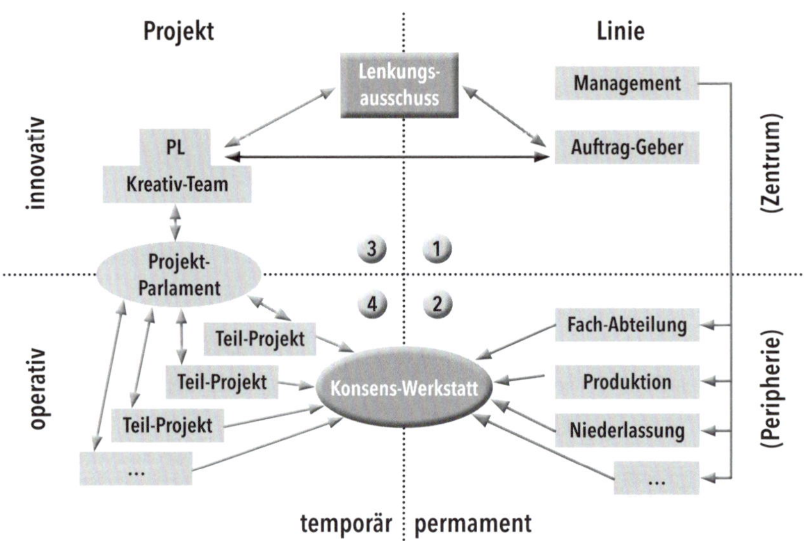

(Quelle: Dr. Gerhard Wohland, Institut für dynamikrobuste Höchstleistung)

In komplexen Umwelten braucht es aber die Intelligenz von Vielen, die sich z. B. durch die Großgruppenformate Projektparlament und Konsenswerkstatt aktivieren lässt.

Im **Projektparlament** verhandeln die Change-Projektleitung/die Koalition der Willigen (bzw. das Kern- oder "Kreativ"-Team), alle Mitarbeiter der Teilprojekte sowie sämtliche Stakeholder die Interessen, Ziele und Nicht-Ziele einer anstehenden Transformation. Das Projektparlament tagt anlassbezogen, zumindest immer dann, wenn ein Change Request vorliegt bzw. das Veränderungsprojekt einer größeren Anpassung unterzogen wird. Nach einer vorher vereinbarten Entscheidungsregel wird hier gemeinsam die Projektrichtung und -umsetzung verhandelt und entschieden.

Das Projektparlament unterscheidet sich von den bekannten Besprechungen und Sitzungen vor allem durch

- das Setting als Verhandlung, d. h. die Kommunikation orientiert sich an den Interessen und nicht primär an Ergebnissen. Die Verantwortung für das Management der Veränderung bleibt jederzeit beim Change Team.
- den ständigen Wechsel der Arbeit an Entscheidungen in der Gesamtgruppe (Parlament) und der Verhandlung in Kleingruppen (Ausschüssen) und
- die straffe Moderation (z. B. Rede-, Gegenrede, Abstimmung), wie man sie auch sonst aus dem Parlamentsalltag kennt.

Die **Konsenswerkstatt** ergänzt das Projektparlament und ist das Gremium, in dem sich die operativen Kräfte treffen. Hier begegnen sich Transformationsprojekt und Linienverantwortung, d. h. die Teilprojekte des Veränderungsprojektes und die operativen Einheiten der Organisation (Abteilungen, Niederlassungen etc.). In der Konsenswerkstatt stimmen sich die Treiber der Veränderung und die Führungskräfte der Organisation über die Ergebnisse der bisherigen Transformation ab.

Sie beginnt immer mit einer (geheimen) Abstimmung aller Teilnehmer, ob der aktuelle Stand der Veränderung „abgenommen" wird. Daher finden Konsenswerkstätten oft in der Nähe von Meilensteinen oder im Rahmen von Sprint Reviews statt und ersetzen die uns allen bekannte Power-

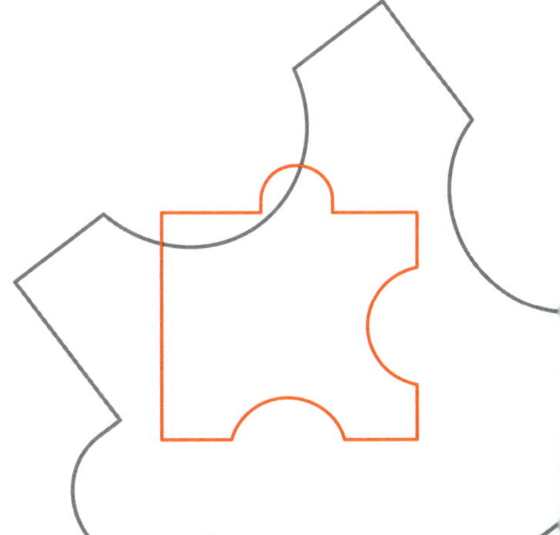

Point-Schlacht, die sonst immer rund um einen Meilenstein-Termin im Lenkungsausschuss stattfindet. Es ist ratsam bei Konsenswerkstätten zur Bedingung zu machen, dass bei der Abstimmung eine hohe Zustimmungsrate (Quorum) erreicht wird, um so

- einerseits eine hohe Verbindlichkeit des Beschlusses herzustellen und
- andererseits bisher nicht kommunizierte Konflikte und Themen aufzudecken.

An einer Konsenswerkstatt nehmen einerseits das Team der Change Agents (→ Kapitel 6), die ihr Ergebnis vorstellen, und andererseits Stakeholder der Linienorganisation, die das Ergebnis akzeptieren und das Tagesgeschäft übernehmen sollen, teil.

Diese Zusammensetzung erzeugt in der Regel eine Gruppendynamik, die in der Vorbereitung berücksichtigt werden muss. Es ist daher sinnvoll, sowohl das Parlament als auch die Werkstatt von Moderatoren begleiten zu lassen, die im Umgang mit Gruppendynamiken erfahren sind.

LEAN STARTUP

Das Lean Startup-Konzept, das von Eric Ries [2011] und anderen entwickelt wurde, propagiert die Idee, bei der Entwicklung von neuen Produkten und Ideen oder der Gründung eines Unternehmens („Startup") im Kontext von hoher Unsicherheit und Komplexität – also bei echter Pionierarbeit – möglichst schlank („lean") vorzugehen. Dabei steht Lean Startup als Sammelbegriff für eine große Vielfalt an Ansätzen und Methoden: vom sehr detailliert beschriebenen Customer Development-Prozess über Methoden wie Business Model Generation bis hin zu Adaptionen für Innovationen in großen Unternehmen.

Der Kern des Konzeptes ist der Nutzerfokus: der Kunde bzw. der Nutzer und sein Bedürfnisse stehen im Zentrum aller Anstrengungen. Was passiert und geliefert wird, muss einen Wertbeitrag zur Lösung von konkreten Kundenproblemen liefern. Im Kontext der Transformation ist ein Lean Startup-Vorgehgen vor allem dann sinnvoll, wenn es um hohes Tempo und eine hohe Dringlichkeit geht, also Überlebenssicherung, radikale Neupositionierung bzw. Erneuerung die Veränderung treiben (→ Kapitel 1). Das Vorgehen folgt der 3i-Regel des Segelns auf Sicht:

- Iterativ: Die schrittweise Bearbeitung der zentralen Fragen, die eine Transformation beantworten muss, unterstützt das schlanke Vorgehen. Es hat sich bewährt, dazu den Change it! Canvas , den sie in der folgenden Abbildung sehen, einzusetzen.
- Integrativ: Ein Lean Startup wird immer im Change Team gemacht, nie allein!
- Inkrementell: Das Ergebnis ist kein ausformulierter Transformations-Projektplan oder eine Vorstandsvorlage, es sind vielmehr „kleine", nützliche und funktionierende „good enough"-Lösungen.

Change it

Dringlichkeit
3 Haupttreiber – was UNBEDINGT verändert werden muss

Was kann die Organisation rasch umsetzen?

Zielzustand

Aktion
Welche Methoden?

Vision
in 1–3 Sätzen

bei den Menschen wird man es bemerken, wenn …

in der Organisation wird man es merken, wenn …

Kommunikationsarchitektur

Erfolgskriterien

Tabus

Menschen
Treiber/Koalition der Willigen

Verhinderer

Zweifler

Unveränderlicher Rahmen
Budgetrestriktionen, Termine, Personalressourcen, …

Commitment
Mitarbeiter, Führungskräfte und Change-Agenten

Erwarteter Gewinn
Leistung, Fähigkeiten, Klima, …

Nächste Schritte

Die Philosophie des Lean Startup charakterisiert jede Idee des Change Teams zunächst immer nur als eine Annahme oder Hypothese und noch nicht als Lösung. Eine good enough-Lösung wird es erst, wenn sie ein Experiment validieren kann.

Dazu nutzt man den Build-Measure-Learn-Zyklus: Zunächst erstellt das Change Team eine erste Lösungsidee („Build"). Darauf aufbauend führt es Beobachtungen der Wirkung dieser Lösungsidee durch („Measure"), um anschließend diese Beobachtungen und (Aus-)Wirkungen auszuwerten („Learn"). Einen kompletten Durchlauf dieses Zyklus bezeichnet man als Experiment. Eine Grundidee von Lean Startup besteht darin, diese Experimente möglichst schnell durchzuführen.

Fünf typische Stufen durchläuft eine Lösungsidee im Rahmen des Lean Startup-Ansatzes:

1. IDEENFINDUNG:

Das Vorgehensmodell der Transformation wird initial entworfen. Dazu wird der Change it Canvas verwendet. Verinnerlichen Sie, dass das Vorgehen in dieser Phase fast ausschließlich auf Annahmen und Hypothesen, also auf Erfahrungen, Vermutungen und sogar nur auf reinem Wunschdenken basiert. Diese werden in den nächsten Stufen Schritt für Schritt durch zielgerichtete Experimente validiert.

2. PROBLEM-FIT

Anschließend geht es darum, die Zielgruppe (→ Stakeholder Map) und deren Probleme zu erkunden und die eigenen Annahmen zu validieren: *Was genau ist das Problem, das gelöst werden soll? Wie wichtig ist das Problem für die Organisation, den Bereich, das Team?*

Dies geschieht in individuellen Dialogen oder in geeigneten Kommunikationsformaten für Gruppen (→ Kapitel 4). Die Ergebnisse der Erkundung fließen zurück in das Vorgehensmodell, oder anders gesagt: Das Vorgehensmodell der Transformation wird entsprechend angepasst.

3. LÖSUNGS-FIT

Nachdem die Zielgruppe und deren Probleme verstanden wurden, gilt es herauszufinden, ob die angedachte Lösung – also das Vorgehen in der Transformation – aus Sicht der Stakeholder zur Lösung ihres Problems geeignet ist: *Passt die Lösung des Change Teams zum identifizierten Problem oder wollen die Stakeholder eher ihr Problem zurück, wenn wir ihnen dieses Vorgehen präsentieren?*

4. AKZEPTANZ-TEST

Wenn die Lösung zu den relevanten Problemen der Stakeholder passt, wird es konkret: Es gilt zu testen, ob die Zielgruppe das Change-Angebot wirklich nutzt und ob damit die notwendigen Veränderungen zu erzielen sind. Das Change Team geht also hinaus in die Organisation und beginnt mit „Pilotphasen" oder „Initialworkshops". „Get out of the building" wird diese Phase im Lean Startup-Konzept genannt.

Ein besonderes Augenmerk richtet das Change Team jetzt auf das Auftreten von Emotionen und Widerständen (→ Kapitel 3). Denn der Grad, die Art und vor allem das Wesen dieser Emotionen und Widerstände sind wichtige Beobachtungen, die im Build-Measure-Learn-Zyklus genutzt werden.

Der Akzeptanz-Test liefert in der Regel Erkenntnisse, die eine neuerliche Anpassung des Vorgehensmodells der Transformation notwendig machen. Dass führt das Change Team nicht selten zurück zu Schritt 2 und 3, um bessere Hypothesen über das Problem und die wirksame Lösung zu formulieren. Diese verbesserten Hypothesen werden dann erneut einem Akzeptanz-Test unterzogen. Wenn die Auswertung von Schritt 4 eine ausreichende Akzeptanz zeigt, kann die Transformation ausgerollt werden.

5. AUSROLLEN

Ist ein tragfähiges Vorgehen gefunden, geht es darum, die Veränderung durch aktives Change Management zu begleiten und wirksame Transformationsprozesse aufzubauen. Bewegliche Ziele, ein Lern- und Trainingsprogramm, das auf Eigenverantwortung und Handlungsorientierung ausgerichtet ist, die Begleitung des Change Teams durch erfahrene Change Agents sowie passende Systeme und Strukturen zu Belohnung und Sanktion sind jetzt notwendig (ausführlich in → Kapitel 3).

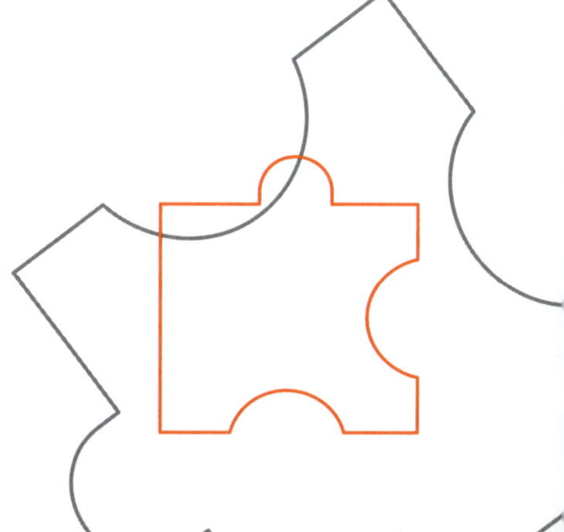

KAPITEL 3

SO NUTZEN SIE WIDERSTAND, DER JEDE TRANSFORMATION BEGLEITET

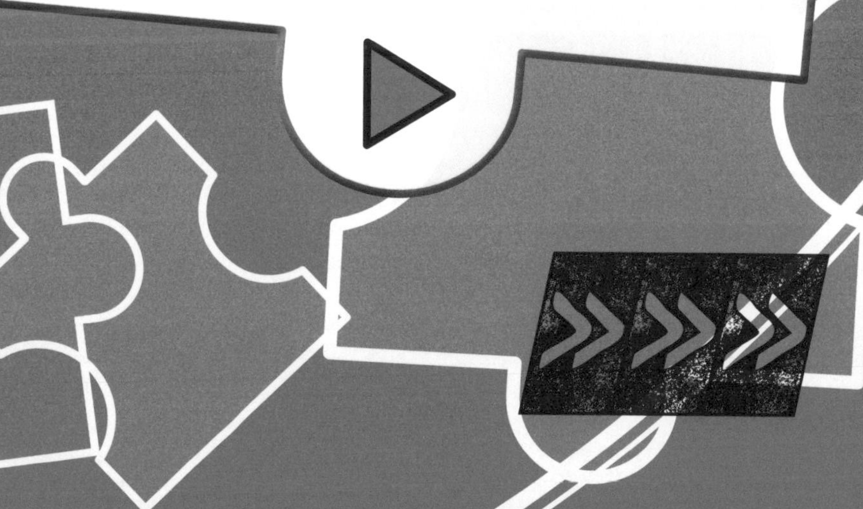

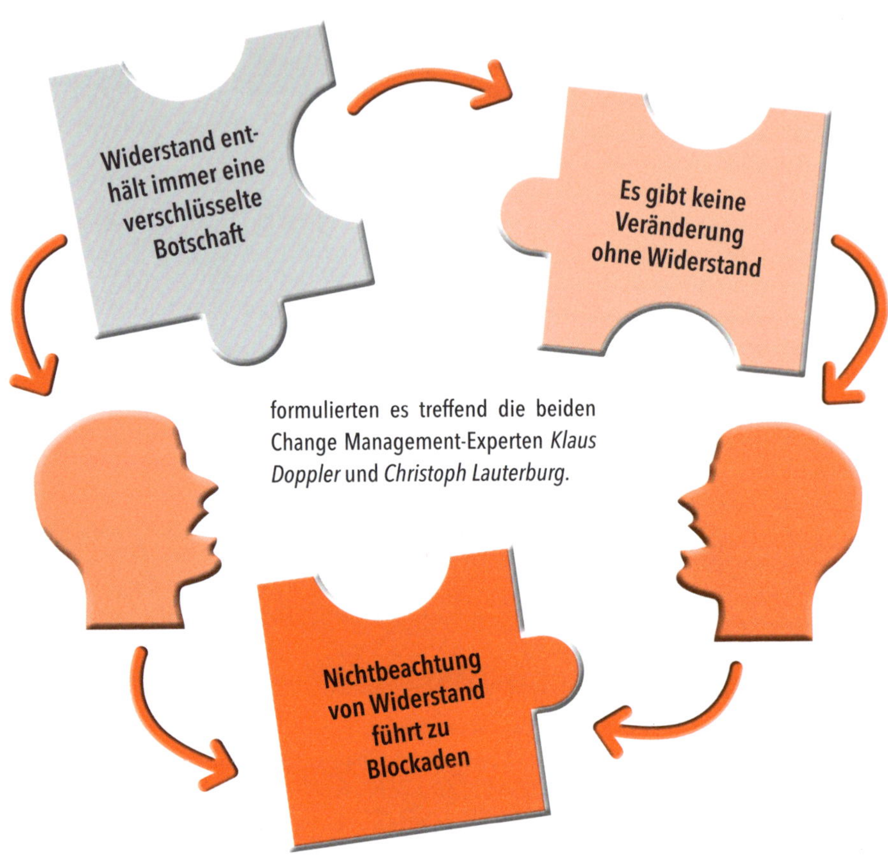

formulierten es treffend die beiden Change Management-Experten *Klaus Doppler* und *Christoph Lauterburg.*

ES IST ALSO GANZ NORMAL, WENN SICH IM LAUFE EINER VERÄNDERUNG REIBUNGEN ZEIGEN.

Misstrauisch sollten Sie vielmehr sein, wenn es keinen Widerstand gibt. Nicht das Auftreten von Widerstand, sondern dessen Ausbleiben ist Anlass zur Beunruhigung – denn Widerstand zeigt, dass es um etwas Wesentliches geht, das in der Organisation auf Interesse stößt. Fehlt Widerstand, dann müsste man schon eher befürchten, dass die beabsichtigte Veränderung unwichtig ist oder von vornherein niemand an die Realisierung glaubt.

Die Kunst liegt nicht darin, den Widerstand zu bekämpfen oder ihn gar brechen zu wollen. Vielmehr liegt die hohe Kunst des Change Managements im Nutzen der Energie, die das Auftreten von Widerstand zeigt.

Wenn Menschen sich „sträuben", drücken sie damit in aller Regel Bedenken, Befürchtungen oder Ängste aus. Widerstand zeigt sich emotional. Dies sollte Sie aber nicht dazu verleiten, zu glauben, dass Widerstand ein persönliches, psychologisches Problem sei. Die Gründe für Emotionen, die man in Veränderungsprozessen als Widerstand beobachten kann, liegen vielmehr im inhaltlichen, strukturellen oder prozessualen Bereich.

Widerstand ist eine kraftvolle Reaktion, bei der sich jemand mit dem Thema aktiv auseinandersetzt und ein „Dagegen" mobilisiert. Wenn aber jemand Energie mobilisiert, etwas nicht zu tun, ist dies fast immer eine versteckte Aufforderung zum Tanz.

Sollte das Transformations-Management diese Aufforderung nicht erkennen, drohen echte Blockaden. Sie kennen das sicher: Wenn sich jemand mit seinen Anmerkungen und Befürchtungen nicht ernstgenommen fühlt, greift er oft zum Mittel der Eskalation, d. h. er wird seinen Widerstand so lange immer lauter und deutlicher unter die Leute bringen, bis er genügend Beachtung erfährt. Nicht weil es dieser Person um Renitenz geht oder dieser Mensch ein Querulant ist, sondern weil im Veränderungsprozess etwas ganz deutlich nicht stimmt.

GRÜNDE FÜR WIDERSTAND

Widerstand ist ein Phänomen, das in der Regel nicht nur offen und explizit zu Tage tritt, sondern sich oft verdeckt und indirekt zeigt. Eine Person, die mit der Aussage „ich empfinde Widerstand" auftritt, ist eher selten. Überhaupt ist das Thema Widerstand kein Thema, das man als persönliches bzw. individuelles Problem abtun sollte. Widerstand zeigt mit dem Finger auf die Veränderung und seine Verantwortlichen. Er zeigt, dass der Veränderungsprozess an einen Punkt gekommen ist, wo noch einmal über die Bücher gegangen werden muss. Widerstand ist ein kraftvolles Feedback: So wie es jetzt läuft, kann es nicht weitergehen.

Daher sind Sie aufgefordert, genau zu beobachten, ob es Widerspruch, Vorwürfe oder gar Drohungen gibt. Oder beobachten Sie, dass zu den Themen der Veränderung geschwiegen wird, das Ganze bagatellisiert oder gar herumgeblödelt wird? Vielleicht fällt auch die aufgeregte Stimmung in der Organisation auf, es gibt Gerüchte oder sogar Streit? All dies *kann*, muss aber nicht auf Widerstand zu der gestarteten Veränderung hindeuten.

ERFAHRENE CHANGE AGENTS WISSEN, DASS IM AUFTRETEN VON WIDERSTAND AUCH DIE CHANCE LIEGT, DIE BETREFFENDE PERSON ODER GRUPPE AUF DER MOTIVATIONSEBENE, DAS HEISST IM GESPRÄCH, ZU ERREICHEN.

Wenn Sie also im Umfeld eines Veränderungsvorhabens solche Symptome bemerken, sollten Sie weiterforschen: Welche Themen liegen hinter den beobachteten Emotionen? Versetzt man sich in die Lage der Betroffenen, ist es meist gar nicht so schwer, die Gründe dafür zu finden. Überlegen Sie, welche der drei folgenden Mechanismen im konkreten Fall greifen:

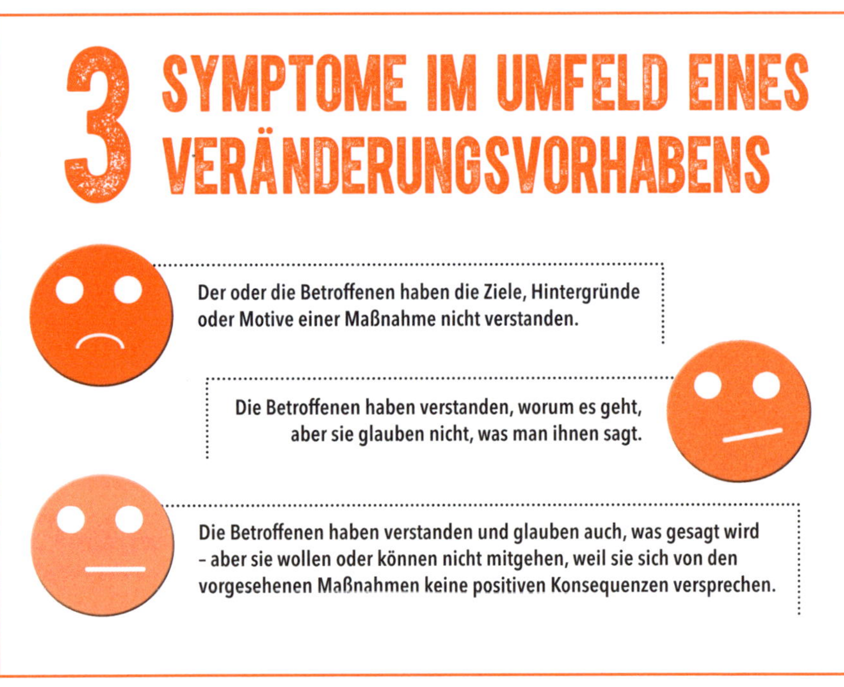

–> ZIELE, HINTERGRÜNDE ODER MOTIVE WURDEN NICHT VERSTANDEN

Dieser Fall kann gut durch offene Fragen diagnostiziert werden. Die Ursache „Nicht-Verstanden" zeigt, dass der Gesprächspartner für einen Dialog aufgeschlossen und auf der Argumentationsebene gut zu erreichen ist. Doch Vorsicht: Wiederholen Sie jetzt nicht einfach die Argumentation, die schon früher nicht verstanden wurde. Empfehlenswert ist hier die Technik des aktiven Zuhörens, in der ihr Gesprächspartner erläutert, was er verstanden hat und was ihm noch fehlt. Genau auf diese Punkte können Sie dann mit zusätzlichen Informationen oder veränderten Argumenten eingehen und damit den Widerstand bearbeiten. In den meisten Fällen lernen Sie in diesen Dialogen viel darüber, was Sie an ihrem Veränderungsvorhaben verändern können, um das Ziel zu erreichen.

–> ES WIRD NICHT GEGLAUBT, WAS GESAGT WIRD

Dieser Fall ist schwieriger. Wenn in der Organisation die Veränderung anzweifelt wird, kommt es auf zwei Dinge an:

- Erstens, die Stimmigkeit von Sagen und Handeln. Machen Sie konsequent jetzt das, was Sie angekündigt haben. Setzen Sie das um, was versprochen wurde und kommunizieren darüber schnell und offen. Das macht Ihre Botschaft auf der Handlungsebene glaubwürdiger und vermeidet Zweifel, ob Sie politisch taktieren oder eine versteckte Agenda verfolgen.
- Zweitens ist dieser Zweifel, also dass diese Personen nicht an die Veränderung glauben, oft ein starker Hinweis darauf, dass die Agenten der Veränderung ihr Vorhaben noch einmal genauer sollten. Offenheit ist jetzt angesagt: Ist das Ziel ankopplungsfähig? Sind unterdessen Informationen aufgetaucht, die eine Veränderung an dem begonnenen Transformationsprozess selbst nötig machen?

–> DIE BETROFFENEN KÖNNEN ODER WOLLEN NICHT MITGEHEN

Bleiben die Widerstands-Symptome dennoch bestehen oder verhärten sich sogar, liegt häufig die dritte Ursache vor: die Betroffenen können oder wollen nicht. Die Person befürchtet durch die Veränderung persönliche, negative Konsequenzen. Dieser Fall (der zunächst im Dialog sorgfältig diagnostiziert werden sollte) stellt Sie im Vergleich zu den beiden anderen Situationen vor die größten Herausforderungen. Stabile negative Erwartungen können nämlich weder durch zusätzliche Erklärungen noch durch stimmiges und glaubwürdiges Vorbildverhalten aus der Welt geschafft werden.

In solchen Situationen empfehle ich, in den Modus des Vorlebens zu wechseln: Es kommt nun darauf an, Überzeugungsarbeit weniger durch Gespräche als durch Taten zu leisten. Dann können die Beteiligten (im wahrsten Wortsinn) begreifen, um was es geht – und ihre negativen Erwartungen revidieren, die sie auf dem neuen Weg befürchten.

Allerdings muss auch klar gesagt werden, dass dieser dritte Fall manchmal auch nicht bearbeitet werden kann. Denken Sie z. B. an eine Sanierungsphase oder ein Unternehmen in radikaler Neupositionierung (→ Kapitel 1). Bei diesen Auslösern der Veränderung ist zu erwarten, dass selbst das professionellste Change Management an die Grenzen der Mitarbeitereinbindung kommt. Veränderung haben nicht immer nur positive Konsequenzen. Wenn der Veränderungsprozess also tatsächlich die negativen Konsequenzen hat, die befürchtet werden, dann bitte nicht darum herumreden. Wirksame Transformation betreiben bedeutet auch: Sagen, was ist!

BRAUCHT VERÄNDERUNG ANGST?

Immer wieder höre ich, dass für eine Veränderung Leidensdruck notwendig sei. Dahinter steht die Idee, dass Besorgnis oder gar Angst ein guter Antreiber sei, um sich zu verändern.

Edgar Schein, emeritierter Professor am MIT, hat für die Bearbeitung solcher Sorgen und Ängste ein wirksames Konzept entwickelt. Seine These lautet: Wirksame Veränderung beginnt immer mit einer Störung der Komfortzone, die die Veränderungsnotwendigkeit deutlich herausarbeitet. Wenn die Notwendigkeit der Veränderung einmal erkannt ist, also die Veränderungen nicht mehr abgewehrt werden können, entstehen nach Schein die sogenannte Überlebensangst bzw. das Schuldgefühl, warum man sich nicht schon viel früher aktiv verändert hat. Wenn ich mich nicht verändere, werde ich in dieser Organisation beruflich nicht überleben, lautet die Situationsbeschreibung von Edgar Schein.

In dem Augenblick, in dem eingesehen wird, dass alte Denkmuster und Gewohnheiten aufgegeben und neue erlernt werden müssen, entsteht nach Scheins Theorie aber auch Lernangst, d. h.

- die Sorge vor vorübergehender Inkompetenz, weil ich das Neue ja noch nicht gut kann. Hinzu kommt oft die Sorge, wegen dieser Inkompetenz nicht mehr ein vollwertiges Mitglied der Organisation zu sein,
- und damit die Sorge vor dem Verlust der beruflichen Identität
- und vor dem Verlust der Zugehörigkeit, weil ich der Organisation nicht mehr nützlich bin, wenn ich das Neue nicht lerne.

Je größer diese Sorgen sind, Schein selbst spricht von hoher Lernangst, desto heftiger werden die Abwehrreaktionen. Diese Reaktionen verlaufen meist in den drei Stufen Verleugnung, Sündenbock suchen und Feilschen:

Verleugnung hört sich meistens so an: Das alles sei nicht stichhaltig, so schlimm komme es ja nicht und außerdem hätte man das alles ja schon erlebt.

Wenn ein **Sündenbock** gesucht bzw. die Verantwortung abgewälzt werden soll, hört man beispielsweise, dass jemand anderer Schuld sei, denn das gilt alles nicht für uns, zunächst müssten die anderen nachweisen, dass sie sich verändern würden.

Erst zuletzt, wenn die Veränderung nicht mehr verleugnet oder auf einen Sündenbock abgewälzt werden kann, beginnt das **Feilschen**. Man hört dann oft Sätze wie: Wenn ich diese neue Rolle übernehme, muss sich auch mein Gehalt anpassen. Wenn ich schon bereit bin, an einem anderen Ort zu arbeiten, dann will ich dafür entschädigt werden und langfristige Vorteile haben.

Bekannte Phänomene, oder?

Wichtig ist, dass man Edgar Scheins Konzept der Lern- oder Überlebensangst nicht als therapeutisches Problem missversteht. Er zeigt keine Krankheitsbilder auf, sondern macht transparent, was wohl in den vielen Köpfen derjenigen geschieht, die sich bei Veränderungsprozessen als Betroffene fühlen. Angst ist für Schein eine natürliche Energiequelle, die jeder Mensch in sich trägt. Sein Verständnis von Angst ist das eines Schutzreflexes, der eine sinnvolle Handlung auslöst. Genau der Energieschub, der einen z. B. veranlasst, bei Feuer schnell zu fliehen.

Für eine wirksame Transformation ist es notwendig, dass Sie auch diese natürliche Energiequelle nutzen. Ganz genauso, wie Sie die Energie nutzen können, die sich im Widerstand zeigt.

VIER BEWÄHRTE MASSNAHMEN IM UMGANG MIT EMOTIONEN UND WIDERSTAND

Hier setzt aktives Change Management an. Es verringert die Überlebens- und die Lernangst so weit, dass die Betroffenen das Neue anerkennen und mit dem Lernen bzw. der Erweiterung ihres Verhaltensrepertoires beginnen. So schwenkt der Veränderungsprozess auf einen Pfad ein, in dem eine Vielzahl abgestimmter Maßnahmen das Lernen ermöglicht und die notwendigen Kompetenzen bildet. Bewährt haben sich vor allem vier Maßnahmen

Bewegliche Ziele, die mittel der OKR-Systematik (→ Kapitel 1) laufend überprüft werden: Wer Veränderungen managt, betritt Neuland und muss daher scheitern, wenn er die Landkarte der Veränderung bereits im Voraus vermessen und fixieren will. Das schafft unnötigen Widerstand und erhöht die Lernangst nur noch weiter.
Wir wissen es doch: Man erkundet eine neue Landschaft eben erst beim Durchwandern. Also seien Sie beweglich auf dem Weg zum Ziel und geben Sie Zeit für das Lernen des Neuen.
Dies bedeutet nicht, dass Pläne wertlos sind. Sie sind notwendig, um die Richtung des Veränderungsprozesses zu erkennen. Sie dürfen aber nicht jeden Schritt festlegen. Es gilt der Grundsatz: Wer keine Ziele hat, handelt planlos – wer Planung zum Dogma macht, wird wirkungslos!

Ein **Lern- und Trainingsprogramm**, das auf Eigenverantwortung und Handlungsorientierung ausgerichtet ist. Es geht nicht darum, Vorlesungen zu halten und Handbücher zu schreiben, sondern die Lernenden an der Entwicklung des Lernprozesses zu 100 % zu beteiligen.

Eine **Begleitung der Koallition der Willigen**, die den Veränderungsprozess treibt. Kollegiale Beratungskreise, Mentoring und Einzelcoachings geben den notwendigen Raum, das Kooperations- und Führungsverhalten regelmäßig zu reflektieren und auf neue Situationen zu kalibrieren.

Passende Systeme und Strukturen zu **Belohnung und Sanktion** unterstützen den begonnenen Prozess, weil sie glaubwürdig machen, dass der Weg der Veränderung von der Organisation nachhaltig verfolgt wird.

Berücksichtigt der Veränderungsprozess diese vier Maßnahmen, geht die Lernangst zurück. Betroffene beginnen, neue Wege zu beschreiten, und in der Folge weicht die Sorge davor, nicht mehr dazuzugehören.

DAS IST DER KERN DES KONZEPTES VON EDGAR SCHEIN: VERÄNDERUNG GELINGT UMSO BESSER, JE MEHR DER VERÄNDERUNGSPROZESS DIE LERNANGST REDUZIERT.

METHODEN-SET

COACHING, MENTORING UND KOLLEGIALE BERATUNG

APPRECIATIVE INQUIRY

SOZIOGRAMM

TEAM-EMPATHIE-MAP

ANWESENDE ABWESENDE

Die Zielsetzung ist klar: Wie kann die persönliche Lernangst verringert bzw. der individuelle Widerstand wirksam bearbeitet werden? Dafür hat sich die Beratungsform Coaching in den letzten Jahren etabliert und zwei andere wirksame Methoden der Unterstützung etwas in den Hintergrund gedrängt. Um das passende Format zu wählen, ist es daher gut, die jeweiligen Stärken und Grenzen zu kennen.

COACHING ist eine Beratungsform, die die Wahrnehmung und die persönlichen Verhaltensalternativen erweitern soll. So wird die Lernangst abgebaut und das Vertrauen in den Veränderungsprozess kann wachsen. Ein guter Coach steuert den Prozess so, dass der Coaching-Klient alte Muster kritisch überprüft, neue Strategien erprobt und in sein Verhalten integriert. Freiwilligkeit und die Bereitschaft, eine bisher gepflegte „So ist es eben"-Mentalität, abzulegen, sind wesentliche Voraussetzungen für ein erfolgreiches Coaching auf Seiten des Klienten.

MENTORING beschreibt einen Beratungsprozess, in der eine lebens- und unternehmenserfahrene Person (Mentor) eine im Veränderungsprozess „betroffene" Person (Mentee) gezielt begleitet. Der Mentor hat schon einige Veränderungen durchlaufen, das Phänomen des Widerstandes am eigenen Leib erfahren und kann nachfühlen, was Lernangst ist. Ein guter Mentor stellt sein bewährtes Wissen zur Verfügung, erörtert mit seinem Mentee sinnvolle Vorgehensweisen und öffnet ihm Netzwerke. Offenes Feedback und kritische Diskussion sind wesentliche Voraussetzungen für ein erfolgreiches Mentoring.

Um die Rolle als Mentor in Veränderungsprozessen wirksam ausfüllen zu können, sollte man diese Fragen mit einem überzeugenden Ja beantworten:

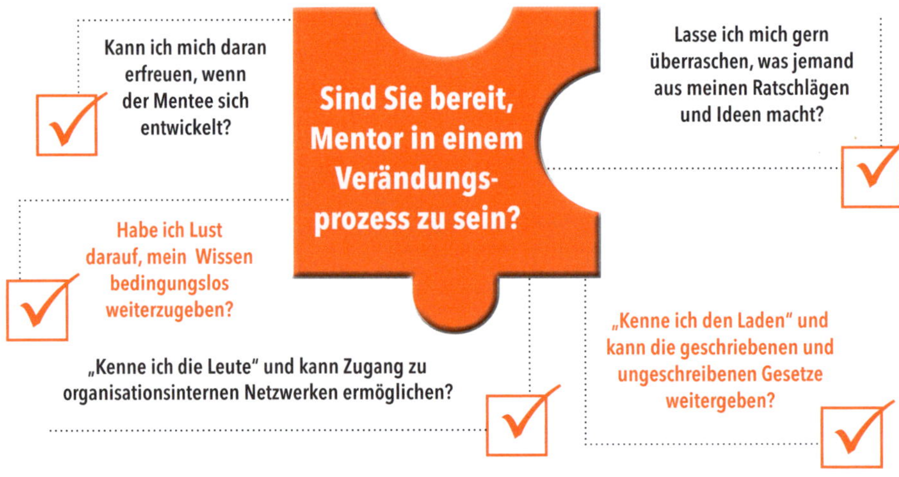

KOLLEGIALE BERATUNG ist eine Team-Methodik, in der meist fünf bis acht Teilnehmer „Praxisanliegen" nach einer effizienten zeitlichen und inhaltlichen Gliederung bearbeiten. Drei Rollen werden dabei verteilt: Fallgeber, Berater und Moderator. Jedes Gruppenmitglied wird mindestens einmal zum Fallgeber, stellt sein Praxisanliegen aus dem persönlichen Arbeitsalltag vor und erhält von allen Teammitgliedern Ideen, Tipps, Lob und alternative Vorgehensvorschläge. Erfolgskritisch für eine erfolgreiche kollegiale Beratung ist eine Haltung, die auch alternative Lösungen zulässt und bereit ist, sich wohlwollend und konstruktiv mit jedem Anliegen zu befassen.

- Der **Fallgeber** schildert sein Anliegen plastisch und konkret, um seine Sicht für alle so weit wie möglich nachvollziehbar zu machen. Gut ist dafür eine lebendige, in den Dingen stehende Schilderung des Anliegens: Gedanken, Gefühle, intuitive Reaktionen, Erwartungen, Ängste oder Freude, die das Anliegen auslöst. Das Anliegen wird in Form der Frage formuliert, um die kollegiale Beratung in der Folge zu fokussieren.
- Der **Moderator** achtet auf die inhaltliche und zeitliche Disziplin der Teilnehmer, um die Effizienzvorteile der Struktur eines kollegialen Beratungsprozesses sicherzustellen. Auf der anderen Seite unterstützt die Moderation den Fallgeber bei der Formulierung seines Anliegens und achtet auf die Rollenklarheit der Berater.
  Eine gute Moderation ist für das Gelingen der Beratung wichtig und wird daher von der Rolle eines Beraters getrennt!
- Die restlichen Teilnehmer (3-8) sind als **Berater** tätig und nehmen in den unterschiedlichen Phasen des Prozesses verschiedene Aufgaben (zuhören, Verständnis klären, Analyse und unterbreiten von Lösungsvorschlägen) wahr. Mit zunehmender Dauer steigt ihre Aktivität und Beteiligung am Prozess (siehe die folgende Übersicht).

Die drei Rollen sind nicht an einzelne Personen gebunden, sondern wechseln immer dann, wenn ein neues Anliegen vorgestellt wird.

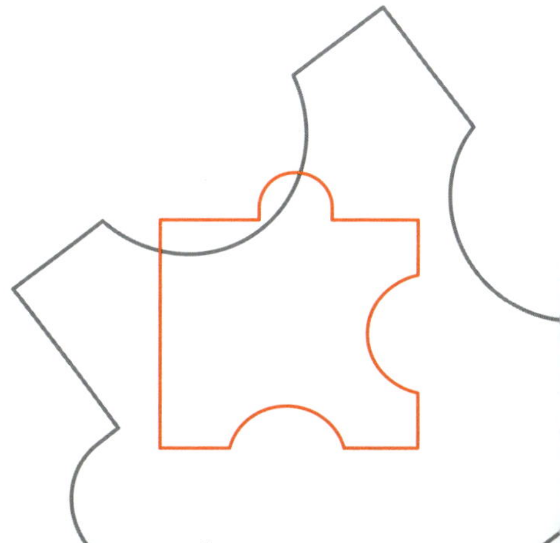

Max. Dauer	Phase	Was geht vor?
3′	Casting	Rollenverteilung: Wer hat ein Anliegen? Wer moderiert? Bei mehreren Anliegen: Ablaufplan/Priorisierung
10′	Anliegen	Der Fallgeber stellt dar, wozu er den Rat der Anwesende benötigt.
10′	Befragung	Die Berater stellen Verständnisfragen, bis sie das Thema und die erforderlichen Zusammenhänge ausreichend verstanden haben.
2′	Fokussierung	Der Fallgeber präzisiert die Frage an die Berater im Licht der Verständnisfragen.
10′	Einordnung des Anliegens	Die Berater interpretieren die Situation und den Kontext, benennen, welche Aspekte ihnen relevant erscheinen, u entwickeln ein Gesamtverständnis ihrer Beratungsrichtu
5′	Komplimente	Die Berater benennen, was ihnen am Vorgehen und den Lösungsansätzen des Fallgebers gefällt.
15′	Empfehlungen	Die Berater geben Empfehlungen – konkret auf die Frage stellung des Fallgebers bezogen.
5′	Abschluss	Der Fallgeber sagt, welche Gedanken, Aspekte und Empfehlungen ihm wertvoll erscheinen und bedankt sich für die Anregungen und die Hilfe.

geber	Berater	Moderator
chreibt die Situation hvollziehbar und ausführlich; nuliert die Frage.	hören zu.	begleitet den Fallgeber.
wortet konkret und anschaulich die gestellten Fragen.	befragen den Fallgeber und klären dabei nur ihr Verständnis.	achtet auf das Ausbleiben von Interpretationen und Suggestivfragen.
nuliert die Frage ggf. neu.	hören zu.	achtet darauf, dass nur die Frage fokussiert wird.
len nächsten Schritten hört er ohne weitere Informationen geben, etwas zu ergänzen oder zustellen.	erarbeiten die Stoß-richtung der Beratung und erhellen den Kontext des Anliegens.	achtet darauf, dass alle zu Wort kommen und Vielfalt entsteht. Es sollten keine Diskussion über richtige und falsche Einordnungen entstehen.
t zu und macht sich ggf. Notizen.	würdigen das Gute und Positive als Quelle der Veränderung.	keine Diskussionen
t zu und macht sich ggf. Notizen.	sagen, was sie anstelle des Fallgebers tun würden.	nutzt Visualisierungs- und Moderationstechniken (v.a. die klärende Nachfrage), um das Verständnis der Empfeh-lungen zu erleichtern
: erste spontane Resonanz; dankt die Hilfe.	hören zu.	achtet auf Zeit und darauf, dass der Fallgeber sich bedankt.

Die Erfolgsprognose aller drei Methoden ist hoch, denn aus der Lernforschung ist bekannt, dass wir uns zwar 30 % von dem, was wir hören und sehen, und bereits 80 % von dem, was wir selbst sagen oder tun, merken können. Auf fast 100 % steigt dieser Wert aber nur, wenn wir das Gelernte mit anderen Menschen strukturiert reflektieren.

Coaching, Mentoring und kollegiale Beratung haben gemeinsam, dass die Tiefe der bearbeiteten Themen nie in den Bereich der psychologischen Beratung bzw. Therapie hineinreicht. So wird sichergestellt, dass es immer um den Veränderungsprozess und den Umgang der Menschen geht und die Selbstmanagementfähigkeiten effektiv unterstützt werden.

BEI ALLEN METHODEN IST DIE BEREITSCHAFT ZUR SELBSTREFLEXION ABSOLUT NOTWENDIG. DIE ERFORDERLICHE ZEIT UND ARBEIT, UM NEUES WISSEN ANZUNEHMEN UND AUCH PRAKTISCH AUSZUPROBIEREN, MUSS EINGEPLANT WERDEN.

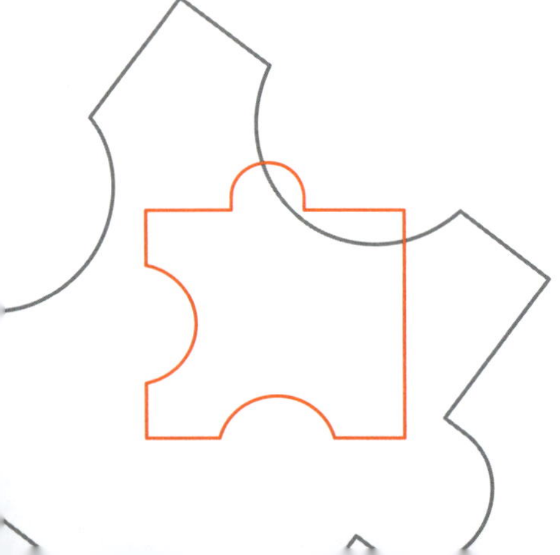

In der folgenden Tabelle finden sie noch einmal die Gemeinsamkeiten und Unterschiede der drei Methoden auf einen Blick:

	Coaching	Mentoring	Kollegiale Beratung
ZIELGRUPPE	Einzelpersonen, i.d.R „Schlüsselspieler" oder „Meinungsmacher"	Mitarbeitende, die keine/kaum Erfahrungen mit tiefgreifenden Change-Prozessen haben	Personen mit vergleichbarem beruflichen Erfahrungshintergrund und Wirkungsgrad
BERATUNG/ UNTERSTÜTZUNG	externe oder interne Coaches	Persönlichkeiten, die aus ihrer Change-Erfahrung heraus begleiten	Kollegen in der Beratungsgruppe, evtl. anfangs durch externe/interne Moderation unterstützt
PRAXISBEZUG	Beschäftigung mit dem Praxisfeld des Klienten	Beschäftigung mit der Praxis in der Organisation des Mentees	Bearbeitung von Praxisanliegen der Teilnehmer
BEZIEHUNG	hierarchiefrei, gleichberechtigt und neutral (bei externem Coach gegeben, bei internem Coach notwendig)	häufig hierarchisch und auf die gemeinsame Zugehörigkeit zur Organisation bezogen	hilfsbereit, gleichberechtigt und meist hierarchiefrei
FREIWILLIGKEIT	als Voraussetzung	wäre dann gegeben, wenn sowohl Mentor als auch Mentee die Beratung ablehnen können	als Voraussetzung
DAUER	kurz- bis mittelfristig (wenige Monate); „gutes Coaching macht sich überflüssig"	mittelfristig angelegter Prozess (bis zu 2 bis 3 Jahren) der Förderung und Bindung	langfristig (regelmäßig über mehrere Jahre)
KOSTEN	interne Kosten bzw. externes Honorar und zeitlicher Aufwand des Klienten	interne Kosten/Zeitaufwand von Mentor und Mentee	interne Kosten/Zeitaufwand der Teilnehmer; evtl. Honorar für Moderator

APPRECIATIVE INQUIRY

Appreciative Inquiry (auf deutsch „Wertschätzende Befragung") ist neben Open Space, World Café und anderen Methoden für Großgruppenarbeit Teil des „Art of Hosting"-Repertoires. Kern der Art of Hosting-Bewegung ist die Haltung, dass die „Kunst, ein guter Gastgeber zu sein" die Grundlage für gute Gespräche ist und so zu guten Ergebnissen führt.

Appreciative Inquiry arbeitet nach dem Leitsatz, dass sich Gruppen immer in die Richtung entwickeln, in die ihre Aufmerksamkeit geht. Sie wird in Veränderungsprozessen oft am Beginn eingesetzt, um eine gemeinsame Zukunft zu entwerfen und die schlummernden Potenziale zu entfalten. Aber auch bei der Bearbeitung von Widerstand und dem Abbau von Lernangst ist die Wertschätzende Befragung ein sinnvolles Vorgehen. Die Personen werden in ihren aktuellen Sorgen, ihren Befürchtungen und in der Lernangst „abgeholt" und die Aufmerksamkeit wird auf die bereits vorhandenen Fähigkeiten, Stärken und Leistungen gerichtet. So wird die dem Widerstand innewohnende Energie sichtbar.

–> VIER PHASEN IM APPRECIATIVE INQUIRY-PROZESS

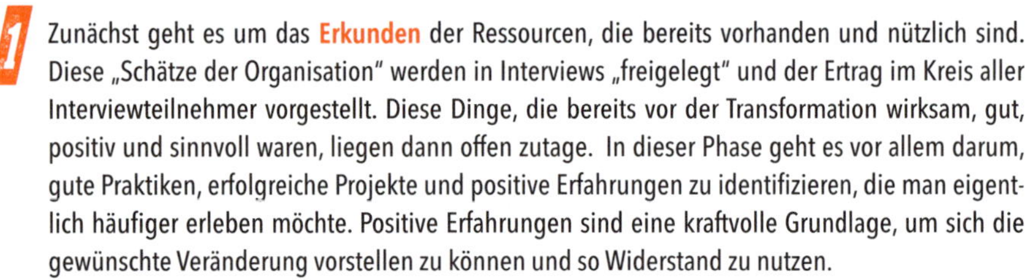

1 Zunächst geht es um das **Erkunden** der Ressourcen, die bereits vorhanden und nützlich sind. Diese „Schätze der Organisation" werden in Interviews „freigelegt" und der Ertrag im Kreis aller Interviewteilnehmer vorgestellt. Diese Dinge, die bereits vor der Transformation wirksam, gut, positiv und sinnvoll waren, liegen dann offen zutage. In dieser Phase geht es vor allem darum, gute Praktiken, erfolgreiche Projekte und positive Erfahrungen zu identifizieren, die man eigentlich häufiger erleben möchte. Positive Erfahrungen sind eine kraftvolle Grundlage, um sich die gewünschte Veränderung vorstellen zu können und so Widerstand zu nutzen.

2 Dann folgt die Arbeit am **Bild der Zukunft**. Wie und wohin soll sich die Organisation entwickeln? Welchen Nutzen verspricht sie ihren Kunden, welche Produkte und Dienste sollen wie erzeugt werden? Das hier erarbeitete Bild der Zukunft ist in der aktuellen Situation verankert, weil es die in Phase 1 freigelegten Schätze der Organisation nutzt und darauf die Vision der Transformation aufbaut. Methodisch wird dabei oft mit Modellen und Prototypen, Storys und Unternehmenstheater gearbeitet.

3 Im dritten Schritt geht es an das **Design** der Transformation. In präzisen Beschreibungen, was in der Zukunft geschehen soll, wird nachvollziehbar, was sich wahrscheinlich verändern wird. Dies kann durch konkrete User Storys ebenso geschehen wie durch Prototypen oder detaillierte Beschreibungen.

4 Die vierte Phase des Appreciative Inquiry-Prozesses ist die **Umsetzung**. Hier greift das bewährte Change Management-Repertoire der Maßnahmenplanung (→ Kapitel 1), Change-Kommunikation (→ Kapitel 4) und Einbindung aller Mitspieler (→ Kapitel 2).

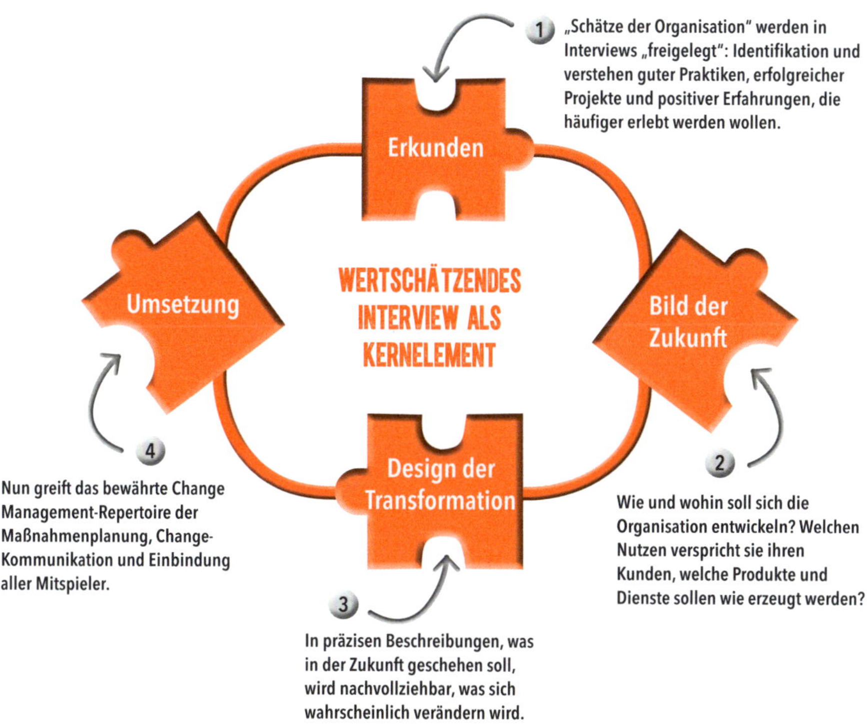

Das Kernelement der Appreciative Inquiry ist das „wertschätzende Interview": Die Teilnehmenden interviewen sich entlang von Leitfragen. Hier einige Beispiele:

- Wann sind Sie in die Organisation gekommen und was hat Sie dazu bewegt, in die Organisation „einzutreten"?
- Was waren die ersten Eindrücke von der Organisation?
- An welche zwei, drei Höhepunkte in dieser Organisation erinnern Sie sich?
  Was genau ist da passiert? Was hat Ihnen daran besonders gefallen, erfreut oder stolz gemacht? Welche Faktoren und Prozesse, welches Verhalten welcher Kollegen und Führungskräfte, welche Aufgaben und Themen machten diesen Höhepunkt aus?
  Was sollten wir daraus für die Zukunft „konservieren" bzw. noch mehr nutzen?
- Wann waren sie mit sich besonders zufrieden? Was schätzen Sie an sich und Kollegen bzw. Führungskräfte an Ihnen? Was können Sie in der Transformation beitragen?
- Wenn über Nacht ein Wunder geschehen würde und sich Ihre Organisation hervorragend entwickelt hätte, was wäre konkret anders?

Die Kunst besteht vor allem darin, die richtigen Fragen für die wertschätzenden Interviews zu stellen. Gute Fragen sind öffnend und gehen davon aus, dass es positive Erfahrungen gibt. Sie regen die Erinnerung an, fokussieren auf positive Elemente, lassen Wünsche und Visionen bewusst werden.

Ein Appreciative Inquiry-Prozess sollte immer mit der Beteiligung der Agenten der Veränderung und den Protagonisten der Transformation stattfinden. Denn hier gibt es viel zu entdecken, um die Beteiligung auszubauen. Nicht selten werden während der wertschätzenden Befragung Bausteine der Transformation ausgetauscht, neugestaltet oder ausgebaut.

Appreciative Inquiry kann die Lernangst verringern, weil sich die Aufmerksamkeit nicht auf zu Negatives, Unangenehmes oder Probleme richtet, sondern gezielt auf Stärken und positive Erlebnisse. So werden nicht nur etwaige Schuldzuweisungen und daraus entstehende Verhärtungen des Widerstandes vermieden.

DURCH DIE WERTSCHÄTZUNG IM APPRECIATIVE INQUIRY ENTSTEHT EINE ENERGIE, DIE ES ERMÖGLICHT, ÜBER SICH UND SEINE LERNANGST HINAUSZUWACHSEN.

SOZIOGRAMM

Mithilfe eines Soziogrammes kann eine aktuelle Situation im Veränderungsprozess veranschaulicht, verständlicher und damit auch bearbeitbar gemacht werden. Am bekanntesten ist die passive Form des Soziogramms, d. h. die Darstellung der Beziehungen in einer Gruppe oder Organisation in einer Graphik. Dabei werden häufig Symbole, wie z. B. Pfeile und erklärende Stichworte, genutzt, um die Qualität und Intensität der Beziehungen zu erläutern. Die in Kapitel 1 vorgestellte Stakeholder Map ist ein solches passives Soziogramm.

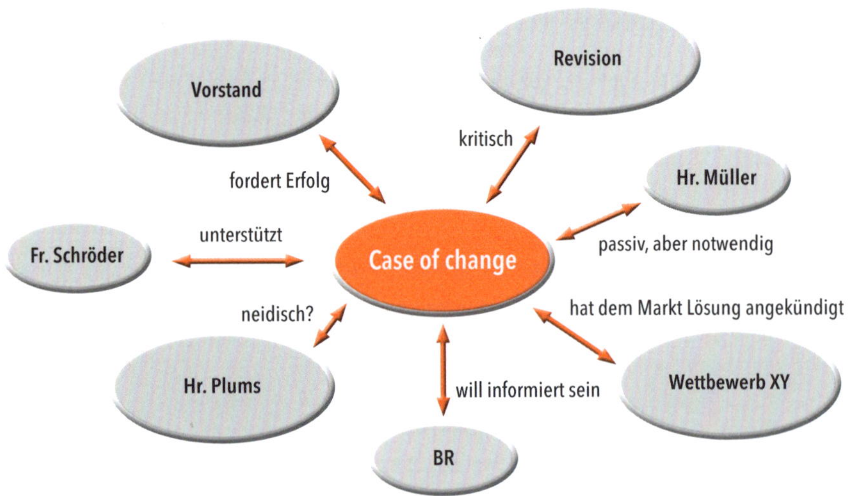

Gerade im Umfeld von Emotionen und Widerstand haben sich aktive Soziogramme bewährt, die allerdings nur mit Begleitung eines erfahrenen Moderators eingesetzt werden sollten. Bei dieser Form des Soziogramms bewegen sich reale Personen im Raum und machen so ihre Standpunkte sichtbar. Typische Soziogramme, die im Laufe eines Veränderungsprozesses nützlich sind, sind:

- Stellen Sie sich bitte entlang einer gedachten Line zwischen den Punkten 0 (gleich keine Zustimmung) bis 10 (volle Zustimmung) zu folgender Frage auf: …
- Wenn das Ziel unserer Transformation durch diesen Stuhl im Raum symbolisiert würde, stellen Sie sich bitte auf zu folgender Frage: Wie weit weg/nah dran sind wir aktuell an unserem Ziel?
- Wenn Sie auf den aktuellen Verlauf der Diskussion schauen, für welche der Entscheidungsalternativen würden Sie sich jetzt entscheiden? Dabei repräsentieren verschiedene Orte im Raum die einzelnen Alternativen.

Wie passive so machen auch aktive Soziogramme Beziehungen oder Positionen sichtbar. Personen nehmen physisch ihren Standpunkt ein und zeigen, „wo sie stehen". Um im Anschluss mit dem aktiven Teil zu beginnen, hat es sich bewährt, den Austausch mit der Frage einzuleiten: Warum stehen Sie hier, Frau/ Herr …? Durch die Sichtbarkeit der Standpunkte und Positionen im Soziogramm werden Konstellationen, Themen, Emotionen und Widerstand transparent und viel leichter besprechbar.

Aktive Soziogramme bieten aber noch eine weitere Möglichkeit gegenüber passiven Formaten, wenn auch Bewegungen, bspw. sich an etwas annähern bzw. Abstand zu etwas gewinnen, genutzt werden. Typische Fragen des erfahrenen Moderators in dieser Phase sind:

- Was müsste passieren, damit Sie von der „drei", wo sie jetzt stehen, zur „sechs" gehen könnten?
- Möchten Sie denjenigen, die dort stehen, etwas mitteilen? Sollten die etwas von Ihrem Standpunkt wissen?
- Möchten Sie anderen Standpunkten hier im Raum eine Frage stellen?

Gerade wenn es sich um Entscheidungssituationen handelt, die durch Ungewissheit, Komplexität und Dynamik gekennzeichnet sind, hat sich ein besonderes Soziogramm bewährt, das durch Prof. Matthias Varga von Kibed bekannt wurde: das Tetralemma.

Das Tetralemma ist ein aktives Soziogramm, das eine Entscheidung zwischen zwei Optionen (ja/nein; dies oder das, A oder B) ermöglicht. Es kann mit einer oder mehreren Personen durchgeführt werden. Im Folgenden wird das Vorgehen mit einer Person beschrieben.

Das arbeitet mit vier Bodenankern, d.h. Moderationskarten, die im Raum auf dem Boden verteilt werden. Die Bodenanker werden ausgelegt und die Person bewegt sich nun nacheinander durch die Anker. Dabei achten die Person und die Moderation auf das, was „einem im Kopf vorgeht", genauso wie auf das Körpergefühl, Bewegungen und spontane Gedanken, Emotionen und Impulse:

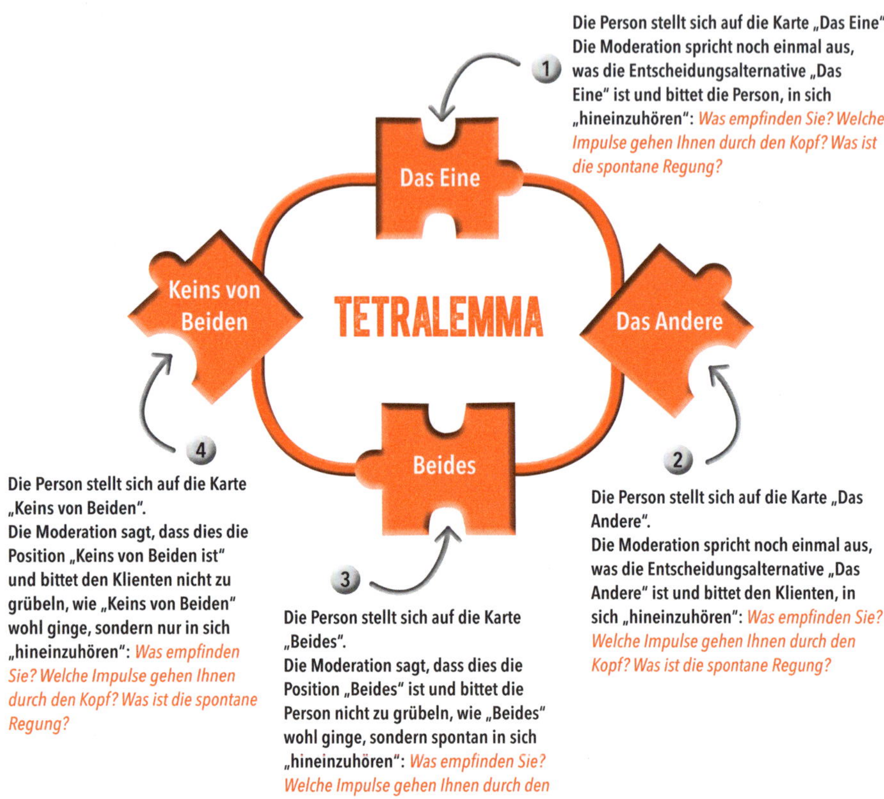

Für die praktische Arbeit mit aktiven Soziogrammen ist es wichtig, sie von den Organisationsaufstellungen, Familienaufstellungen oder (systemischen) Strukturaufstellungen abzugrenzen. Diese spezielle Form der Aufstellungsarbeit für Thematiken in Organisationen hat sich aus der systemischen Familientherapie entwickelt und kann ein sehr klärendes Format – auch und gerade in Transformationen – sein.

WEIL DAS FORMAT UND DER PROZESS EINER AUFSTELLUNGSARBEIT ALLERDINGS BEDEUTUNGSVOLL UND KOMPLEXER ALS EIN SOZIOGRAMM IST, MUSS EINE AUFSTELLUNG IMMER UNTER ANLEITUNG PROFESSIONELLER UND FÜR DIESES FORMAT AUSGEBILDETER ORGANISATIONSBERATER DURCHGEFÜHRT WERDEN.

TEAM-EMPATHIE-MAP

Immer wenn sich das Change Team fragt, was denn mit der oder denen los ist, kann ein Mapping dieser Situation wertvolle Hinweise liefern, worauf im laufenden Transformationsprozess zu achten ist. Die Team-Empathie-Map in der folgenden Abbildung ist meine Adaption der bekannten Empathy Map für den Veränderungskontext.

Am besten bearbeiten Sie die Map in einem diversen Team und notieren Ihre Beobachtungen und Hypothesen mit Post-its auf dem Canvas. Es hat sich bewährt, dabei von oben nach unten durchzugehen, bzw. oben anzufangen. Es ist sinnvoll, für Beobachtungen und Hypothesen unterschiedliche Farben der Notes zu verwenden. So wird nicht nur das Verständnis wachsen, was da wohl los ist bzw. sein könnte, sondern durch die Farbigkeit wird auch deutlich, welchen Bereich Sie noch „ergründen" müssen. Solche Bereiche haben nämlich entweder keine, nur wenig Notizen oder überwiegend nur solche, die mit der Farbe für Hypothesen gekennzeichnet sind.

Sobald Sie in einer ersten Runde die Beobachtungen und Hypothesen zusammengetragen und Verständnisfragen geklärt haben, ist es sinnvoll, einen Schritt zurückzutreten und sich das Gesamtbild anzusehen:

- Wo gibt es viele Beobachtungen/Hypothesen, wo wenige?
- Welche Hypothesen wollen Sie überprüfen/testen? Mit wem ist dafür zu sprechen?
- Welche Bedeutung haben die gesammelten Beobachtungen – auch für den nächsten Schritt der Transformation?

ANWESENDE ABWESENDE

Sie kennen das: Nie sind die richtigen Leute da, wenn man sie braucht! Es ist auch fast unmöglich, immer all die Personen „verfügbar" zu haben, deren Meinung oder Standpunkt gerade benötigt wird. Anderseits ist es auch fast unmöglich, einen Veränderungsprozess so lange „anzuhalten", bis alle relevanten Personen aufgesucht und ihre Meinungen eingeholt werden konnten.

Die Methode der anwesenden Abwesenden, die durch eine Moderation angeleitet werden sollte, holt nicht anwesende, einflussreiche und wichtige Personen, deren Ansichten für einen Prozess von Bedeutung wären, symbolisch in sechs Schritten in die aktuelle Entscheidungssituation herein.

1. SCHRITT: BRAINSTORMING

Halten Sie die für eine Frage, Situation oder ein Thema relevanten Stakeholder auf einem Flipchart fest und markieren Sie die farbig, die abwesend/nicht verfügbar sind.

2. SCHRITT: PRIORISIERUNG

Priorisieren Sie (z. B. durch eine Punktabfrage), welche der abwesenden Stakeholder die Wichtigsten sind.

3. SCHRITT: CASTING

Wählen Sie Personen oder Kleingruppen aus, die die Rollen der Abwesenden übernehmen sollen. Stimmen Sie sich in die Rolle ein (z. B. mit der → Team Empathy Map) und platzieren Sie die Personen so im Raum, dass sie die kommende Diskussion beobachten können. Achten Sie darauf, dass Ihr Change Team arbeitsfähig bleibt und nicht zu viele Personen in die Rollen von Abwesenden wechseln. Im Zweifel holen Sie sich besser Personen hinzu, die diese Rolle dann übernehmen.

4. SCHRITT: ARBEIT MIT ABWESENDEN

Führen Sie die Diskussion/den Prozess im Change Team an dem Punkt fort, an dem Sie bemerkten, dass die Meinung von Abwesenden fehlte. Integrieren Sie nun die jetzt „anwesenden Abwesenden" in die Diskussion.

5. SCHRITT: FEEDBACK

Die Personen, die die Rolle eines Abwesenden übernommen haben, werden in sinnvollen Abständen von der Moderation aufgefordert, ihre Meinungen, Wünsche, Beobachtungen oder Gefühle zu äußern. So erhält das Change Team auch die Informationen, nach denen es bisher noch nicht gefragt hat.

6. SCHRITT: ÜBER DIE BÜCHER GEHEN

Das Change Team überlegt jetzt, ob und wie es mit den Informationen aus Schritt 4 und 5 weiterarbeiten will. Diejenigen, die die Rolle von Abwesenden übernommen haben, geben ein letztes Feedback zu diesen Überlegungen und werden dann mit einem Dank aus ihrer Rolle entlassen.

KAPITEL 4

SO INSZENIEREN SIE DIE VERÄNDERUNG

Das ist uns allen nicht unbekannt: Ein hervorragendes Veränderungskonzept mit sinnvollen Zielen und einer realistischen Terminplanung wird nicht erfolgreich umgesetzt, weil die Bedürfnisse von Beteiligten aus dem Blick geraten sind. Deshalb gehört neben einer überzeugenden inhaltlichen Arbeit eben auch eine gute Inszenierung der Transformation zum Veränderungsvorhaben.

Stellen Sie sich am besten einen Transformationsprozess wie eine Theateraufführung vor. Damit die Aufführung ein Erfolg wird, braucht es vier Zutaten, die die folgende Abbildung zeigt:

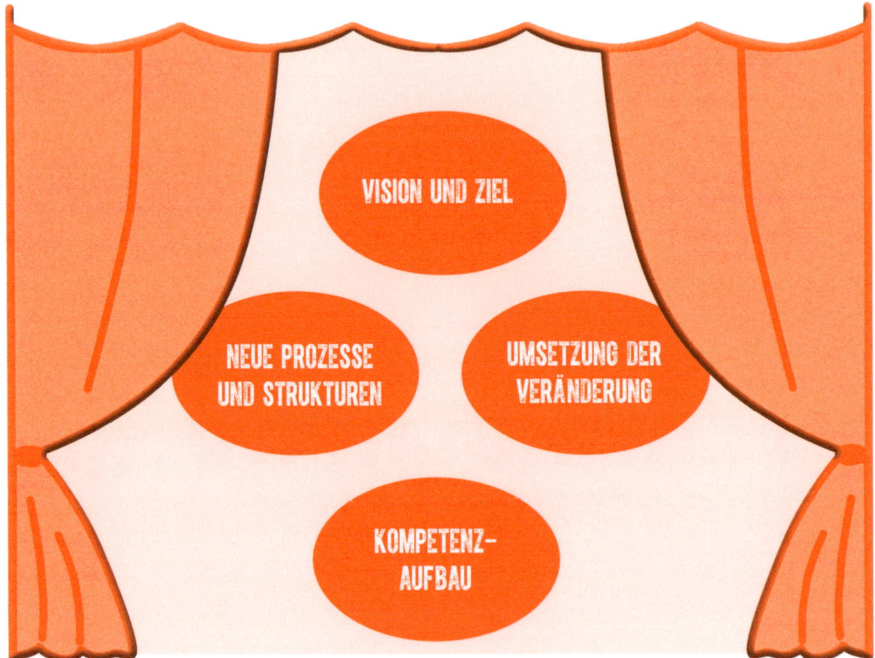

1 *Wie das Stück heißt, welchen Inhalt es hat und welche Aussage dem Publikum transportiert werden soll.* Die Grundlage einer erfolgreichen Veränderung bildet die Vision bzw. das Ziel der Veränderung. Dazu gehören ebenso die klare Identifikation der Veränderungstreiber und die Auswahl einer geeigneten Philosophie der Veränderung (→ Kapitel 1). **Der stimmige Dreiklang aus Treiber, Ziel und Philosophie der Veränderung stiftet den Sinn, der notwendig ist, damit die Menschen ins Theater kommen und bereit sind, das Stück bis zum Ende anzusehen.**

2 *Wer welche Rollen im Stück besetzt, wann auftritt und welcher Teil des Textes auf die Bühne gebracht wird.*

Das ist der Prozess und die nachvollziehbare Struktur der Veränderung. Denn nur wer die vier Säulen und die fünf Prinzipien jeder wirksamen Transformation (→ Kapitel 1) beachtet, hat ein Drehbuch, das auch „spielbar" ist und tatsächlich zur Aufführung gelangt.

Dass alle am Stück Beteiligten, wie Bühnenarbeiter, Masken- und Kostümbildner, Schauspieler und die Regie, das Rüstzeug besitzen oder lernen wollen, um ihre Rolle wirksam auszufüllen. Das ist der Kompetenzaufbau der Mannschaft im Bereich Change Management, den jede nachhaltige Veränderung braucht. Wie ist das Skript für die Rolle Change Agent oder des agilen Coaches? Und bin ich bereit, diese Rolle auf die Bühne zu bringen (→ Kapitel 6)?

und zuletzt

Natürlich zahlreiche Proben, um das Zusammenspiel und die Inszenierung einzuüben. Das ist die Umsetzung der Veränderung, denn man muss üben, damit die neue Rolle im Transformations-Stück gut und professionell ausgefüllt wird. **Damit alle ihre Rolle annehmen können, braucht es Zeit für Proben und die Hilfe durch einen Regisseur, der das Stück kennt.**

Insbesondere die vierte Zutat, das Üben der Inszenierung des Veränderungsprozesses, stellt Führungskräfte oft vor Herausforderungen - auch weil sie selbstbewusst davon ausgehen, dass ihr bewährtes Führungsverhalten auch in einer Transformation erfolgreich sein wird. **Doch das Tagesgeschäft und ein Veränderungsprozess sind unterschiedliche Dinge!** Damit Sie nicht alle Unterschiede selbst schmerzhaft entdecken müssen und den Erfolg des Veränderungsprozesses vielleicht gefährden, beherzigen Sie bitte folgende Schritte:

EIN STARKER, EMOTIONALER BEGINN ist nötig, damit deutlich wird, dass etwas Neues versucht werden soll. Dies klappt am besten, wenn Sie einerseits das bisher Erreichte würdigen und anderseits deutlich machen, dass die Kosten des Nicht-Veränderns höher sind als das Risiko der Veränderung. Dafür braucht es eine Verstärkung der Kommunikation der Entscheidungsträger. Spezielle Formate, die ich Ihnen gleich vorstellen werde, unterstützen diesen starken Beginn.

EIN ATTRAKTIVES BILD DER ZUKUNFT entwickeln, das Sinn stiftet und für das es sich lohnt, Energie einzusetzen. Dieses Bild entwickeln Sie am besten mit einer Gruppe aus Befürwortern des Wandels, also der Koalition der Willigen (→ Kapitel 1) und nutzen Werkzeuge aus der Szenariotechnik, dem Design Thinking oder dem Innovationsmanagement.

EINEN FLEXIBLEN MASTERPLAN formulieren, der die Verzahnung zwischen dem Status quo und dem Veränderungsprozess herstellt. Hier ist es wichtig, rasche erste Erfolge der Veränderung zu formulieren, damit sichtbar wird, wie die Veränderung funktionieren kann. Der Masterplan setzt eindeutige Signale, dass sich jeder bewegen muss und stellt durch regelmäßige Haltestellen bzw. Meilensteine sicher, dass der Plan immer wieder an die reale Situation angepasst wird.

Die Veränderung als **REPARATUR BEI LAUFENDEM MOTOR** zu begreifen und zu managen. Beobachten Sie aufmerksam und gehen bei Überraschungen und Widerstand nicht zur Tagesordnung über. Denn diese Phänomene enthalten fast immer eine Botschaft, den Prozess anzupassen (→ Kapitel 3). „Moving Targets" sind für einen wirksamen Veränderungsprozess typisch und ein Zeichen von Professionalität.

Zeit und Raum für das **LERNEN IN DER VERÄNDERUNG** einräumen. Planen Sie ausreichend Zeit für den Kompetenzaufbau, die Verhandlung von Prinzipien und das Einüben neuer Prozesse und Strukturen ein. Begrüßen Sie Fehler als Beleg, dass Sie wirklich etwas verändern möchten. Feiern und würdigen Sie Erreichtes. Aber achten Sie auch auf kulturelle Diskrepanzen, die blinde Flecke anzeigen. Passt das Vergütungs- und Karrieresystem noch? Ist die IT-Infrastruktur unterstützend?

KOMMUNIKATIONSFORMATE

Um den Veränderungsprozess wirksam unter die Leute zu bringen, bieten sich eine Vielzahl von Formaten an, ganz gleich ob analog oder digital:

„Schwarze Bretter"
sind die klassischen Formen der Information, die auch ein Veränderungsvorhaben nutzen sollte. Sie eignen sich für das Senden von grundsätzlichen Informationen, die nicht schnell veralten. In der digitalen Form nutzt dieses Format Statusmeldungen oder Meldungen in collaboration tools, die immer oben in einem Nachrichtenverlauf „gepinnt" sind.

Die Mitarbeiterzeitung, das Intranet oder andere unternehmensweite Werkzeuge der Zusammenarbeit
zählen auch zu den bewährten Kanälen, auf denen ein Veränderungsprojekt setzen sollte. Diese Formate eignen sich für Informationen, die aktuell aufbereitet und thematisch begrenzt inszeniert werden können.

Verabredungen zum Frühstück, Mittagessen oder Kaffee
sind Sende- und Empfangs-Formate, die in kleinen Gruppen eine große Wirkung entfalten. Sie eignen sich gut, um Feedback einzuholen, Prototypen zu testen und die Themen hinter dem Widerstand (→ Kapitel 3) besser zu verstehen.

Ein Task Board und ein Stand-up-Meeting
sind dann angesagt, wenn im kollegialen Dialog rasch ein Überblick über den aktuellen Stand des Veränderungsprozesses gegeben und To-dos verabredet werden sollen.

Push-Großgruppenformate, wie (Betriebs)-Versammlungen, Tagungen oder Konferenzen,
bringen alle Mitglieder der Organisation zusammen und erzeugen einen Eindruck der Gemeinsamkeit. Sie eignen sich besonders für den Beginn und das Ende von Veränderungsprozessen.

Pull-Großgruppenformate, wie Open Space, Barcamp oder Marktplätze, sind sinnvoll, wenn die Energie von vielen und die Intelligenz der Gruppe genutzt werden soll. Vor Meilensteinentscheidungen, an Haltepunkten und Weggabelungen der Veränderung und beim Auftreten von weitverbreitetem Widerstand, sind die Pull-Großgruppenformate sehr wirksam.

Ganz gleich, in welchem Format Sie mit wem im Veränderungsprozess zusammenkommen. Zentral ist Ihre Haltung dabei. Sind Sie ehrlich interessiert an Feedback oder wollen Sie doch nur Ihre Massnahmen „verkaufen". Sind Sie bereit, auf Rückmeldungen zu reagieren, oder wollen sie doch überreden, dass ihr Plan der Richtige ist? Veränderungen entdecken ja das Neue, da ist es besser, dass Sie neugierig bleiben und sich überraschen lassen.

KOMMUNIKATIONSPRINZIPIEN

Die folgenden acht Prinzipien, auf u. a. auf Klaus Doppler und Christoph Lauterburg zurückgehen, helfen Ihnen, ihre Veränderungskommunikation erfolgreich zu inszenieren:

1. VORHER ERKUNDEN.

Wirksam kommuniziert nur, wer vorher gut erkundet, wie der Adressatenkreis zu erreichen ist. Nur dann kann die Kommunikation so ausgerichtet werden, dass die Vision der Veränderung auch ankommt. Denn der Wurm muss dem Fisch schmecken, nicht dem Angler!

2. DIE GUTE GESCHICHTE IST DER KERN.

Auch wenn sich die Formate und Kanäle der Kommunikation zum Glück erweitert haben und die Veränderungskommunikation aus einer Vielzahl von Möglichkeiten schöpfen kann, bleibt dir gute Geschichte der Kern jeder Kommunikation. Bleiben sie immer eng bei dem case of change und der Vision, was sich ändern soll. Wenn Kommunikationsexperten vorschlagen, dass die Geschichte geändert werden soll, damit sie zum (digitalen) Kanal passt, dann verzichten sie besser ganz auf diesen Kanal.

3. VERÄNDERN HEISST SAGEN, WAS IST.

Es ist sehr wichtig, dass Sie offen und transparent berichten und Fakten nicht auslassen, auch wenn Sie glauben, damit jemanden oder etwas beschützen zu wollen. Denn Lücken in der Kommunikation, Schweigen und einseitige Stellungnahmen, für die kein Platz zur Diskussion eingeräumt wurde, werden von den Empfängern mit eigenen Interpretationen ergänzt. Lücken in der Kommunikation, also wenn die WARUM-Frage nicht beantwortet wird, sind kaum auszuhalten und werden daher mit den eigenen (Vor-)Urteilen aufgefüllt. Nur wer selbst aktiv kommuniziert, kann dafür sorgen, dass er seine Mitteilung anbringt!

4. ES GIBT KEINE NEUTRALE KOMMUNIKATION.

Ein häufiges Missverständnis: Wenn die Situation emotional wird, bleibt man am besten sachlich und neutral. Sachliche Kommunikation ist oft hilfreich, aber neutrale Kommunikation gibt es nicht! Jeder will erreichen, dass er vom Empfänger gehört und verstanden wird! Wer etwas verändern will, ist nicht neutral, sondern daran interessiert, dass etwas passiert. Inszenieren und gestalten Sie Ihre Kommunikation im Prozess der Veränderung. Lassen Sie sich nicht verunsichern, wenn Ihre Inszenierung kommentiert wird. Das zeigt nur, dass ihre Kommunikation wahrgenommen wird.

5. JEDER HÖRT, WAS ER HÖREN WILL.

Je emotionaler die Situation wird, desto größer ist die Gefahr der selektiven Wahrnehmung. Diesen Umstand müssen Sie akzeptieren und können dem mit der Glaubwürdigkeit Ihrer Kommunikation entgegentreten.

6. TRAUEN SIE SICH IN EINEN LEBENDIGEN DIALOG.

Je motivierender eine Mitteilung sein soll, je mehr die wirklichen Interessen der Empfänger berührt werden sollen, d. h. je emotional aufgeladener eine Situation ist, desto notwendiger ist ein echter Dialog. Nur im echten – d. h. durch aktives Zuhören und wahrhaftiges Aussprechen gekennzeichneten – Dialog klären sich Interessen, Ziele, Hoffnungen und Befürchtungen. Je mehr wir uns in der Praxis vor einer direkten Begegnung und Auseinandersetzung fürchten, desto eher ist dieser Dialog also angesagt.

7. DER APPETIT KOMMT BEIM ESSEN.

Nur informierte Mitarbeiter sind engagierte Mitarbeiter. Mit wachsender Intensität Ihrer Kommunikation nähren Sie aber auch die Erwartungen, noch etwas „Neues" zu bieten. Oder anders: Wer gut informiert ist, erwartet, dass es immer so weiter geht. Achten Sie deshalb in Ihrer Kommunikation der Veränderung auf einen Spannungsbogen und Abwechslung in den Kommunikationsformaten, denn viele Menschen reagieren gereizt auf Wiederholungen.

8. ES IST FAST IMMER ZU SPÄT.

Wer im üblichen Trubel des Change Managements stets vollständig und schön der Reihe nach kommunizieren will, kommt im Strudel der Ereignisse fast immer zu spät. Meist ist es deshalb besser, unvollständig, aber zügig zu kommunizieren. Aber das Unwohlsein wird bleiben: früh, aber unvollständig – oder spät, aber dafür vollständig …

Insbesondere der achte Tipp mag Sie vielleicht verwundern. Denn in der „heilen", vorhersagbaren Welt der traditionellen Managementlehre ist unvollständige Information natürlich ein No-Go. Da würden Mitarbeiter abwinken und natürlich erwarten, dass der Chef erst dann mit den Dingen kommt, wenn sie auch zu Ende gedacht sind. In der Welt der Beschleunigung, der Trendbrüche und zunehmenden Ungewissheit ist aber das Unausgegorene meist das einzige Informationspaket, das zur Verfügung steht.

Und vertrauen Sie Ihren Mitarbeitern, denn sie vertragen Unausgegorenes. Meist sind sie dankbar, dass „die da oben" endlich das aussprechen, was „wir hier unten" sowieso schon ahnen oder wissen. Sie haben es mit erwachsenen und selbstständigen Mitarbeitern zu tun, die Sie nicht beschützen müssen.

MITARBEITER SIND KEINE KINDER UND CHANGE-AGENTEN KEINE ELTERN – DAS IST DER KERN DER KOMMUNIKATION IM VERÄNDERUNGSPROZESS!

METHODEN-SET

BARCAMP/OPEN SPACE

TAKTIKMATRIX

MASTERMIND-GRUPPEN

CO-CREATION

WORKING OUT LOUD

BARCAMP/OPEN SPACE

Ein Barcamp oder Open Space ist ein offenes Tagungsformat, deren Inhalt ganz allein von den Teilnehmern gestaltet und moderiert wird. Sie sind sind ein bewusster Kontrapunkt zu monologen Großgruppenveranstaltungen und Kongressen und werden daher auch oft als „Unkonferenzen" bezeichnet. Ein Barcamp führt nicht nur unterschiedliche Personen zur selben Zeit am selben Ort zusammen, es integriert auch unterschiedliche Methoden und Ansätze der effektiven Arbeit mit großen Gruppen.

Ablauf und Inhalt werden durch die Anwesenden bestimmt. Es gilt, dass es keine passiven Teilnehmer gibt, sondern nur aktive Mitmacher bzw. „Teilgeber". **Sieben Prinzipien leiten bei einem Open Space die kreative Zusammenarbeit auf Augenhöhe:**

Jeder Teilgeber, der ein Thema behandeln möchte, stellt dies bei dem gemeinsamen Tagesauftakt (der sogenannten Session-Planung) vor und wählt dafür einen noch freien Platz auf der Agenda des Tages.

Während seiner Session ist der Teilgeber auch Gastgeber. Das bedeutet nicht unbedingt, dass er einen Vortrag halten muss oder moderiert, dies kann aber sein. Genauso gut können auch andere gebeten werden, Rollen in der Session zu übernehmen. Wichtig ist nur, dass der Gastgeber dafür Sorge trägt, dass zum Thema und Ziel passende Arbeitsbedingungen vorliegen.

Die Nutzung sozialer Medien (Twitter, Facebook, Blogs etc.) während der Veranstaltung ist erwünscht. So wird das Mitmachen auch von Menschen möglich, die nicht direkt vor Ort sind, und das kreative Potenzial steigt. In Open Spaces, die unternehmensintern sind und nicht „nach außen" kommunizieren wollen, werden die Intranets und Enterprise Social Collaboration-Werkzeuge genutzt, um die Erkenntnisse aus den Sessions auch für die Abwesenden sichtbar zu machen.

Hummeln und Schmetterlinge sind die Wappentiere eines Open Space und entstehen durch das „Gesetz der zwei Füße". Wann immer jemand den Entschluss fasst, dass er der aktuellen Session nicht mehr beiwohnen möchte, weil er nichts mehr beitragen oder lernen kann, zieht weiter dorthin, wo es für ihn sinnvoll erscheint.
Während Schmetterlinge entspannt und ganz in Ruhe dem Geschehen beiwohnen, gesellen sich andere zu ihnen. So entstehen interessante Gespräche und ein Austausch auch außerhalb der eigentlichen Sessions. Hummeln hingegen bewegen sich von Session zu Session und sind so in der Lage, neue Ideen in laufende Diskussionen einzubringen und parallel laufende Sessions inhaltlich miteinander zu vernetzen.

Anfang und Ende einer Session auf einem Open Space sind nur zeitlich definiert, jedoch nicht inhaltlich. Es sind Zeitfenster, auf die sich die Teilnehmer verständigen. Die Arbeit beginnt jedoch, wenn es soweit ist, und endet, wenn die Arbeit getan ist. So ist es üblich, dass einige Sessions „vor der Zeit " enden, während andere ihre Arbeit „über die Zeit" hinaus fortsetzen, einen freien Raum suchen oder einen Folgetermin außerhalb des Barcamps vereinbaren.

Selbstverantwortung ist die zentrale Ressource auf einem Barcamp. Jeder entscheidet souverän, was mit ihm passiert und was er beiträgt. Es gibt keine Anforderungen und keine vorab festgelegten Ziele zu erfüllen – es sei denn, man hat sie sich selbst gesetzt. Deshalb sind open spaces auch nicht geeignet, wenn sie vorab definierte inhaltliche Ziele erreichen wollen oder zwingend Ergebnisse zu wichtigen Themen erzielen müssen.

Ein Open Space ist grundsätzlich für jede Fragestellung einsetzbar. So gibt es durchaus auch „offene" Barcamps, die vorab gar keine thematische Orientierung haben, bei denen es also ganz allgemein um Erfahrungsaustausch und Vernetzung geht.
Meine Erfahrung ist allerdings, dass eine thematische Orientierung, wie es sie z. B. bei den von mir mit organisierten PM-Camps (www.pm-camp.org) haben, eine sinnvolle Leitplanke darstellt. In völlig offenen Formaten, bei denen die Teilnehmer sehr heterogene Hintergründe und Interessen und kaum Verbindendes haben, kann sich leicht eine Gruppendynamik der "Zersplitterung" ergeben. Das Ergebnis ist dann nicht Vielfalt, sondern der Verlust von Überblick und Orientierung.

TAKTIKMATRIX

Natürlich ist Veränderungskommunikation eine Angelegenheit, die erfahrene Change Agents auch intuitiv gut betreiben– in dem Sinne etwa: *Geh hinaus, sei aufmerksam und sorge dafür, dass jeder die Information dann erhält, wenn er sie braucht*. Wenn es jedoch um zentrale Stakeholder geht, die Sie über die Stakeholder Map (→ Kapitel 2) identifiziert haben, ist es hilfreich, Kommunikation strategisch zu nutzen.

Ein hierfür bewährtes Werkzeug ist die Taktikmatrix [Hinz, 2013]. Mit ihrer Hilfe ermitteln Sie systematisch, mit wem Sie wie in den Transformations- Dialog kommen möchten – sprich: welche Argumente Sie wann an wen herantragen, um Ihr Change-Projekt in der Organisation zu verankern.

Ein Beispiel: Das Transformations-Team möchte zusätzliche Ressourcen beantragen. Etwa 14 Tage vor dem entscheidenden Meilenstein entwirft es die auf der nächsten Seite dargestellte Taktikmatrix. Um die Entscheider mit Ihrem Ansinnen nicht „kalt" zu erwischen, bestimmen Sie mithilfe der Matrix Ihr Vorgehen im Vorfeld der Sitzung.

Was lässt sich nun aus der Beispiel-Matrix ablesen? In den Spalten der Matrix stehen die für die Entscheidung relevanten Personen (Stakeholder A, B und C sowie der Assistent von A), in den Zeilen deren Verhaltensweisen und Vorlieben für einzelne wichtige Aspekte. Zum Beispiel verhält sich stakeholder A (1. Spalte) zahlen- und faktenorientiert, lässt sich von seinem Assistenten beraten, hat großes Interesse am Veränderungserfolg, möchte Vorschläge auf einer Seite präsentiert erhalten und mag es gar nicht, wenn nur qualitativ argumentiert wird (Zeilen 1 bis 5). Auf die gleiche Weise sind in den folgenden Spalten die anderen stakeholder charakterisiert.

	Stakeholder A	Stakeholder B	Stakeholder C	Assistent/ Berater von A	....
FOKUS DES ENTSCHEIDUNGS-VERHALTENS	zahlen- und faktenorientiert	will der Erste sein, der eingeweiht wird	macht- und absicherungsorientiert („Meine Projekte laufen alle.")	wird Terminplan der Gesamtprojektsteuerung eingehalten?	....
LÄSST SICH BERATEN VON	Assistent und Bereichsleiter GH	„seinem" Bereichsleiter Personal	Coach Frau R.	??	....
PROJEKTERFOLG IST ...	sehr wichtig, weil Eigentümer dies von ihm erwarten	egal/neutral, solange das Personalkostenbudget nicht steigt	wichtig, wenn A damit gut bei den Eigentümern „dasteht"	wichtig, weil dies sehr wichtig für A ist	....
EINE ZUSTIMMUNG ZU EINEM VORSCHLAG BEKOMMT MAN VON ... WAHRSCHEINLICH DANN, WENN ...	• die Vorteile in Stichworten und Zahlen auf einer Seite zusammengefasst sind und • die Argumente des B schon behandelt sind	• nachgewiesen wird, dass amerikanische Unternehmen auch so verfahren • der „Faktor Personal" positiv und als produktiv herausgestellt wird	sie sicher ist, dass der Vorschlag angenommen wird	er eine schriftliche Info bekommt, die er kürzen und dann als seine verkaufen kann	
... MAG GAR NICHT, WENN ...	nur qualitativ argumentiert wird und „Marketinggründe" angeführt werden	es „die Technik so fordert" und daraus eine Zwangsläufigkeit („Anders geht es nicht"), abgeleitet wird	in der Diskussion Punkte genannt werden, auf die sie sich nicht vorbereitet hat	seine Ideen nicht im Beisein von A und C gewürdigt werden; wenn B ihn kritisiert	

Hieraus kann das Change Team nun folgende Strategie ableiten:

Zunächst trifft es Stakeholder B und Stakeholder C, um nach deren Meinungen und Interessen zu forschen. Wichtig ist ein frühzeitiges Einbeziehen der beiden auch deshalb, weil sie Zeit benötigen, sich mit ihren Beratern – B mit dem Bereichsleiter Personal, C mit ihrem Coach – zu besprechen. Hierzu lässt das Team ihnen etwa eine Woche Zeit.

Gleich nach den Gesprächen mit B und C vereinbart das Team Termine mit Stakeholder A und seinem Assistenten – und zwar so, dass der Termin mit A mindestens drei Tage nach dem Treffen mit dem Assistenten stattfindet. So ist der Assistent vorbereitet, wenn sein Chef sich meldet, um seine Meinung zu hören.

Eine Woche nach den Erstgesprächen mit B und C telefoniert ein Mitglied des Transformations-Teams erneut mit diesen beiden, um deren aktuelle Position abzufragen. Auf dieser Grundlage skizziert das Team den Entscheidungsvorschlag für die Sitzung.

Dieses Papier leitet es an den Assistenten mit dem Vermerk „Entwurf" so weiter, dass dieser es ohne Probleme redigieren kann – denn eines weiß das Transformations-Team: Die Befürwortung des Assistenten erhält es am ehesten, wenn dieser eine schriftliche Information bekommt, die er kürzen und dann als seine verkaufen kann.

Nach den abschließenden Gesprächen mit A und seinem Assistenten schreibt das Team dann eine Entscheidungsvorlage für das Steuerungsgremium und sendet sie per Mail an A, B und C, und zwar mindestens zwei Tage vor dem Meeting.

Die Taktikmatrix unterstützt Agenten der Veränderung, sich ernsthaft Gedanken über ihre Kommunikation und mikropolitische Strategie zu machen: Nach welchen Kriterien wird entschieden? Wie sollte man vorgehen? Und wie sollte man die Vorlage verfassen, damit die Stakeholder das Thema so serviert bekommen, dass es ihnen schmeckt wie der Wurm dem Fisch?

Die meisten Change Teams lieben ihr Projekt und laufen deshalb Gefahr, den Vorschlag so zu präsentieren, dass er ihnen – dem Angler statt dem Fisch – gefällt. Vor dieser Falle kann die Taktikmatrix wirksam schützen. Grundsätzlich ist sie offen für eine Vielzahl von Aspekten, die in der Inszenierung des Wandels wichtig sind. Welche von ihnen im speziellen Kontext relevant werden, ist nur im Einzelfall entscheidbar.

Prüfen Sie anhand der folgenden Liste, welche Aspekte im konkreten Fall wichtig sind – und ergänzen oder ändern Sie dementsprechend die Matrix (die Spalte ganz links). Sie enthält sie sicherlich zwei Drittel aller Aspekte, die in der Inszenierung der Transformation vorkommen können. Jeden der Aspekte können Sie wie einen Baustein als eigene Zeile in Ihre Taktikmatrix einfügen.

Mögliche Aspekte der Taktikmatrix
„Hip" ist das Thema/die Person
Bedeutung individueller Handlungsspielräume
Bedeutung von Fairness/Gerechtigkeit
Bedürfnis nach Sicherheit
Begeisterung für Veränderung
Beziehung zu den anderen Stakeholdern
Beziehung zum Change Team
Ergebnisorientierung
Ergreifen von Initiative
Genauigkeit/Exaktheit einer Lösung
Hat Einfluss auf …
Image
Internationalität
Kundenorientierung
Lässt sich beraten von …
Leistungsorientierung
Mitarbeiterorientierung
Qualitätsorientierung
Regelorientierung
Risikobereitschaft
Strategische Passung
Tabu ist das Thema/die Person
Umgang mit Neuem/Herausforderungen
Wettbewerbsorientierung

MASTERMIND-GRUPPEN

In sogenannten Mastermind-Gruppen treffen sich Menschen mit ähnlichen Herausforderungen aber unterschiedlichen Hintergründen. Sie bilden temporär eine Gruppe von hilfreichen Menschen, die mit ähnlichen Fragestellungen zu tun bzw. ein vergleichbares Ziel haben. Beispielsweise können sich Führungskräfte in einer Mastermind-Gruppe dabei austauschen, wie sie die Veränderung begleiten und mit auftretenden - auch eigenen - Emotionen sinnvoll umgehen können. Die Arbeit in der Gruppe hilft, einerseits neue Möglichkeiten zu entdecken, die man allein nicht wahrgenommen hat, und andererseits den Umgang mit den eigenen Emotionen und Positionen im laufenden Transformationsprozess zu bearbeiten.

Eine Mastermind-Gruppe besteht meist aus drei bis acht Mitgliedern. Um mit einer Mastermind-Gruppe zu starten, braucht es eine Person, die die Initialisierung anleitet und darauf achtet, dass das Asset einer Mastermind Gruppe, die Diversität, auch möglich ist. Dies ist oft ein Mitglied des Change Teams, muss es aber nicht sein. Dem Initiator obliegt es, die ersten Personen anzusprechen und in die Gruppe einzuladen.
Damit die Gruppe eine hohe Erfolgschance hat, klärt der Initiator in Einzelgesprächen vorab die Motivation zur Teilnahme und die vorbehaltlose Bereitschaft, zu helfen und nach Hilfe zu fragen.

Im ersten Treffen, das noch von Initiator moderiert werden kann, legt jeder Teilnehmer seine persönlichen Ziele, die individuelle Motivation und die Erwartungshaltung an die Mastermind-Gruppe offen. Dann werden die gemeinsamen Prinzipien bestimmt, nach denen zukünftig gearbeitet werden soll. Typische Prinzipien, die häufig von einem Initiator vorgeschlagen werden, sind:

- Entscheidungen folgen einer Regel (→ Kapitel 5),
- die Veränderung der Zusammensetzung der initialen Gruppe ist ein Thema der gesamten Gruppe,
- Vertrauen, Offenheit und Intensität der Arbeit benötigen einen regelmäßigen Rhythmus und einen störungsarmen Ort. Kurze Intervalle erhöhen die Wahrscheinlichkeit des gemeinsamen Wirkens,
- ein fester Anfang und ein festes Ende. Ein verbindlicher Zeitrahmen erhöht die Teilnahmewahrscheinlichkeit,
- Rituale machen das Mastermind-Treffen und dessen Ergebnis verbindlich und effektiv.
  Ein Beispiel für ein effektives Ritual ist das der „Fokusperson" und hat drei Schritte:

DAS EFFEKTIVE RITUAL DER FOKUSPERSON

1. RÜCKBLICK: Jeder Teilnehmer berichtet, welche Erfolge er seit dem letzten Treffen erzielen konnte.

2. FOKUS: Ein Teilnehmer stellt die wichtigste aktuelle Herausforderung vor. Anschliessend diskutieren die anderen über das Thema und mögliche Ansätze zur Lösung z. B. im Format der kollegialen Beratung (→Kapitel 3). (Je nach Bedarf der Teilnehmer und nach verfügbarer Zeit können mehrere Fokuspersonen aufeinander folgen.)

3. MASSNAHMEN: Jede Fokus-Session wird mit einer konkreten Maßnahmenplanung beendet, die bis zum nächsten Treffen angegangen werden soll. Diese Maßnahmen sind dann wiederum Thema beim nächsten Rückblick.

Mastermind-Gruppen helfen dabei, die eigenen Herausforderungen besser zu meistern. Man tauscht sich mit Menschen aus, die ähnliche Ziele und Herausforderungen haben. Und doch können sie ganz andere Perspektiven einbringen, da sie in unterschiedlichen Rollen oder Kontexten tätig sind, z. B. in unterschiedlichen Bereichen der Organisation.

CO-CREATION

Co-Creation steht an dieser Stelle für die Zusammenarbeit in Veränderungsprozessen, die über die eigene Verantwortungsgrenze hinweg geht. Ursprünglich geprägt wurde der Begriff in der Produktentwicklung, wo durch Co-Creation die eigene Kundschaft und die Anwender der eigenen Produkte (oder Prozesse oder Werkzeuge) mit in die Entwicklung einbezogen und nicht mehr ausschließlich als passive Konsumenten angesehen wurden. Denn wer kennt das Produkt besser als die, die es nutzen? Und wer kann besser dazu beitragen, dieses Produkt zu verbessern?

Dies gilt für Transformationen gleichermaßen. Mitarbeiter und Kunden sind nicht mehr Gegenstand von Change, sondern Partner in aktiver Co-Creation.

Die Grundidee der Co-Creation ist, möglichst früh ein Feedback über Konzepte und Ideen von den relevanten Stakeholdern zu bekommen. Diese schnelle Rückmeldung „aus dem Leben" macht anschaulich und deutlich, welche Stärken und Schwächen das Change-Konzept hat und ermöglicht daher (grundlegende) Entscheidungen und Anpassungen in einem sehr frühen Stadium. Dies schont Ressourcen und hält die Motivation hoch, weil „Arbeit für die Tonne" unwahrscheinlich wird. Die Haltung ist eine des „good enough", d. h., es kommt darauf an, die grundlegenden und typischen Merkmale einer Idee durch einen Prototyp zu testen und nicht zu warten, bis jede Seitenidee und

Nebenabrede ausformuliert ist. Außerdem sagen Menschen gern ihre Meinung zu etwas Neuem. Die Autoren des Buches „Management Y" gehen davon aus, dass „für jedes Konzept, das älter als vier Stunden ist, die Zeit reif ist für einen wahren Test im Leben" (Brandes et al., 2014). Und auch wenn es ein wenig länger dauern sollte, gehen Sie auf jeden Fall in den ersten Tagen raus zu den Mitarbeitern und Kollegen, potenziellen Nutzern, Führungskräften und Stakeholdern – und seien Sie gespannt auf das, was passiert.

Bei einem Co-Creation Workshop sollten Sie die folgenden Schritte beachten:

1. SCHRITT: DEN ZWECK UND DAS THEMA BESTIMMEN

Legen Sie zunächst fest, auf welches Thema Sie sich konzentrieren und was genau Sie mit dem Co-Creation Workshop erreichen möchten. Wollen Sie beispielsweise in frühen Phasen des Wandels Mitarbeiteranforderungen erkennen, die „Bedingungen" der Stakeholder zum Mitmachen diskutieren, oder befinden Sie sich an einer Weggabelung im Prozess und möchten Ideen fürs Weitermachen entwickeln?

2. SCHRITT: DIE TEILNEHMER IDENTIFIZIEREN

Basierend auf dem Ziel aus Schritt 1, identifizieren Sie nun die benötigten Teilnehmer. Dazu können Sie wiederum die Stakeholder Map (→ Kapitel 2) einsetzen.

3. SCHRITT: DEN ABLAUF FESTLEGEN

Wählen Sie je nach Zielsetzung und Teilnehmer die passenden Methoden und Zeitrahmen und entwickeln eine stimmige Dramaturgie für den Ablauf. Planen Sie ausreichend Raum und Zeit ein, sodass sich die Teilnehmenden kennenlernen und kreativ „warmlaufen" können. Beginnen Sie mit einfachen Kreativitätstechniken und werden Sie im Verlaufe des Workshops konkreter. Im Vordergrund steht das praktische Tun, d. h. schnell ins Handeln zu kommen und gemeinsam „mit den Händen zu denken".

4. SCHRITT: DIE VORAUSSETZUNGEN SCHAFFEN

Finden Sie einen Termin und einen passenden Raum für den Workshop: Achten Sie dabei auf ausreichend Platz und eine passende Atmosphäre, um gemeinsam kreativ arbeiten zu können. Und stellen Sie sicher, dass ausreichend Material zur Verfügung stehen wird.

5. SCHRITT: DEN WORKSHOP DURCHFÜHREN

Gemischte Arbeitsgruppen und eine methodisch versierte Moderation haben sich bewährt. Die wichtigste Aufgabe des Moderators ist, die Entwicklung einer offenen Atmosphäre innerhalb der Gruppe zu unterstützen. Außerdem sollte er einerseits auf den Ablauf achten, andererseits aber auch ein Gespür dafür haben, wann es sich lohnt, den Ablauf anzupassen und der Energie der Gruppe zu folgen.

6. SCHRITT: DEN WORKSHOP NACHBEREITEN

Zum einen gilt es natürlich, die Ergebnisse festzuhalten und in die tägliche Arbeit zu überführen. Dabei geht es nicht nur um die „greifbaren" Ergebnisse, sondern auch um die Erkenntnisse „zwischen den Zeilen", die Sie aus der Interaktion und der Beobachtung gewinnen konnten.

ERFOLGSKRITISCH FÜR EINEN CO-CREATION-WORKSHOP IST DIE HALTUNG DER AGENTEN DES WANDELS: NICHT REDEN, SONDERN FRAGEN UND ZUHÖREN. NICHT THEMEN VORGEBEN, SONDERN FORMATE ZUR ZUSAMMENARBEIT ANBIETEN. NICHT ABLÄUFE MODERIEREN, SONDERN RÄUME ÖFFNEN.

WORKING OUT LOUD

„Working Out Loud" (WOL) bezeichnet eine freigebige und vernetzte Arbeits- und Lebenseinstellung, unterfüttert durch Praktiken und Techniken, um diese Einstellung praktisch zu lernen und zu verinnerlichen [Stepper 2020].

Es geht beim „Lauten Arbeiten" vor allem darum, sichtbar (bzw. hörbar) zu werden: also transparent zu machen, woran man arbeitet und wer man ist. **Erst durch Sichtbarkeit und Transparenz entstehen neue Anknüpfungspunkte und Optionen für neue Verbindungen.** Denn wovon man nichts weiß, damit kann man sich auch nicht vernetzen. Das Ziel ist letztendlich, ein Netzwerk aufzubauen, aus dem dann Neues entstehen kann.

DIE FÜNF KERNELEMENTE DER WOL-ARBEIT

1. **Transparenz:** die eigene Arbeit sichtbar machen und die Arbeitsergebnisse veröffentlichen, keine Wissenssilos mehr aufbauen und verteidigen – nur wer selbst sichtbar ist, kann auch Wertschätzung aus dem Netzwerk erfahren

2. **Großzügigkeit:** die eigene Expertise, Aufmerksamkeit, Anerkennung und Wertschätzung offen, hilfsbereit und großzügig all jenen anbieten oder schenken, die sie benötigen – nur wer selbst großzügig ist, erlebt Großzügigkeit aus dem Netzwerk

3. **Vernetzung:** ein Netzwerk mit vielen interdisziplinären und auf gegenseitigem Vertrauen basierenden Beziehungen ist die Basis für gemeinsame Lösungen und um voneinander zu lernen

4. **Offenheit:** Neugierde und der Respekt vor anderen Perspektiven, Impulsen und Feedback helfen dabei, die eigene Arbeit kontinuierlich zu verbessern

Fokus: eine klare Zielrichtung verhindert, dass man sich im wahllosen Vernetzen verirrt, und ermöglicht, das Netzwerk für die Zusammenarbeit an Themen zu nutzen, die auf das eigene Ziel einzahlen

DREI ZENTRALE FRAGEN BILDEN DIE BASIS FÜR DIE VERNETZUNG:

- Was ist mein Ziel? Was versuche ich zu erreichen? Was liegt mir am Herzen?
- Wer könnte mit meinem Thema irgendwie in Bezug stehen? Wer könnte ebenfalls ein Interesse daran haben? Wer könnte mich unterstützen?
- Was kann ich meinem Netzwerk anbieten? Wie könnte ich meinerseits helfen?

Da nicht jeder zum Netzwerken geboren ist, gibt es konkrete Hilfestellungen: ein **12-wöchiges Schritt-für-Schritt-Programm** [Stepper 2020), das man gemeinsam mit vier bis fünf Personen in einem sogenannten „Circle" durchläuft. Jedes wöchentliche Treffen dauert ungefähr eine Stunde, hat eine vordefinierte Agenda und Raum für Reflexion und gegenseitige Unterstützung.

- **WOCHE 1:** Schärfe deine Aufmerksamkeit
- **WOCHE 2:** Biete deine ersten Beiträge an
- **WOCHE 3:** Mach drei kleine Schritte
- **WOCHE 4:** Erlange Aufmerksamkeit
- **WOCHE 5:** Mach es persönlich
- **WOCHE 6:** Werde sichtbar
- **WOCHE 7:** Sei zielgerichtet
- **WOCHE 8:** Mach es zur Gewohnheit
- **WOCHE 9:** Entwickle mehr eigenständige Beiträge
- **WOCHE 10:** Werde systematischer
- **WOCHE 11:** Stelle dir die Möglichkeiten vor
- **WOCHE 12:** Reflektiere und feiere

Ein Change Team, das gemeinsam dieses Programm durchläuft, wird danach besser vernetzt sein, sowohl im eigenen und wahrscheinlich auch außerhalb des Unternehmens. Es erlangt dadurch mehr Handlungsoptionen für den Transformations-Prozess.

Durch die ständig voranschreitende Vernetzung entwickelt sich Schritt für Schritt eine gemeinsame Kultur der Offenheit und Zusammenarbeit hin zu einer lernenden Organisation (→Kapitel 1) – ein willkommener Nebeneffekt, wenn Working Out Loud unternehmensintern angewendet wird. Wird die Vernetzung über die Unternehmensgrenzen hinweg betrieben, verstärken sich die Beziehungen zu Partnern, Kunden, Anwendern und anderen Experten.

Eine entscheidende Grundhaltung hinter WOL ist, dass man für Großzügigkeit belohnt werden wird, da Großzügigkeit „ansteckend" wirkt: Wenn man also anderen hilft, ohne direkt dafür eine Gegenleistung einzufordern, besteht eine große Wahrscheinlichkeit, dass man selbst Unterstützung erfährt, wenn man sie benötigt. Vertrauen ersetzt Misstrauen.

Netzwerkaufbau und Beziehungspflege zahlen sich aus: Wenn mir meine direkten Kontakte vertrauen, mir aber selbst nicht weiterhelfen können, werden sie ihrerseits ihre Kontakte gerne fragen.

KAPITEL 5
SO KLAPPEN
NEW WORK
UND SELBST-
ORGANISATION

Das Konzept der hierarchischen Steuerung kommt an seine Grenzen: „Führung ist zu wichtig, um sie allein den Führungskräften zu überlassen" lautet ein beliebtes Bonmot dazu. Deshalb ist es auch nicht verwunderlich, dass andere Organisationsmodelle wiederentdeckt, teilweise neu erdacht und an vielen Stellen verprobt werden.

Dabei steht die Stärkung der Eigenverantwortung und ein höherer Grad an Selbstorganisation im Zentrum aktueller Veränderungsprozesse in Organisationen (→ Kapitel 1). Dies wird meist unter dem Begriff New Work zusammengefasst. Dabei ist New Work ein Meta-Begriff geworden, mit dem verschiedene, als „neu" verstandene Arbeitsmodelle und -formen zusammengefasst werden. Dadurch ist New Work so aufgeladen, vielfältig, schillernd und voller Widersprüche geworden, dass ich im Folgenden lieber den Begriff Selbstorganisation nutze.

Es fällt auf, dass zunehmend auch tradierte, große Organisationen, z. B. aus der Automobilindustrie, Experimente mit der Selbstorganisation, wagen. Ebenso auffällig ist aber auch, dass bisher in keiner dieser großen Organisationen eine vollständige Veränderung zur Selbstorganisation stattgefunden hat. Es ist eine Doppelstrategie zu beobachten. Die bisherigen Produkte und Verfahren bestehen weiterhin und werden um parallele Strukturen und Formen der Selbstorganisation ergänzt. Dies geschieht vorzugsweise nicht direkt in den bestehenden Standorten mit den großen Produktionshallen und repräsentativen Büros, sondern in besonderen Hubs an anderen Orten, vorzugsweise in Berlin, Tel Aviv oder Kalifornien.

Das Feld der Organisationsmodelle ist in Bewegung geraten und es wird noch einige Zeit brauchen, bevor sich ein klares Bild über „führende Modelle" ergeben wird. Vielleicht werden wir aber auch damit umgehen müssen, dass es ein führendes Modell (wie es das hierarchische Modell oder die Matrixorganisation über viele Jahrzehnte waren) in Zukunft gar nicht mehr geben wird. Ich will daher den Stand der aktuellen Diskussion an dieser Stelle kurz zusammenfassen.

Im Bereich des Change Managements ist u. a. der Ansatz Reinventing Organizations von Frederic Laloux [Laloux 2015] bekannt geworden. Im Kern geht es darum, die Transformation von Organisationen nicht mehr als ein steuerbares Plan-Do-Check-Act-Vorgehen zu verstehen, sondern als einen evolutionären, kaum steuerbaren Prozess.

Das bedeutet nicht, dass nun die Lehre von Charles Darwin 1 zu 1 auf Organisationen angewandt wird, aber die Absicht ist es schon, dass das zugrunde liegende Prinzip der instinktiven Anpassung an veränderte Umweltbedingungen auf Organisationen übertragen wird.

Die folgende Abbildung illustriert die Idee: Nach Laloux befindet sich die Entwicklung der meisten Organisationen aktuell in der postmodernen Stufe, in der Werteorientierung oder „Purpose", d. h. Sinnstiftung bzw. Sinngebung, im Zentrum stehen.

Evolutionen sind allerdings keine deterministischen Prozesse, d. h. die Stufen in Laloux's Modell stellen keine abgeschlossenen Schritte dar. Vielmehr ist es ein fließender Prozess, der Vielfalt abbildet, in dem verschiedene Stufen zur gleichen Zeit existieren können und dürfen. Die Abbildung zeigt, dass neben den postmodernen Organisationen weiterhin die sogenannten traditionellen und modernen Organisationen existieren. Diese Vielfalt ist aktuell gut zu beobachten, denn die Prinzipien der Top-down Hierarchie und des Shareholder Value sind oft in Unternehmen zu finden.

Charakteristisch für die Transformation hin zu einer postmodernen Organisation sind für Frederic Laloux neben der Sinnstiftung Kulturthemen und ein Kooperationsverhalten, das eigenverantwortliche Selbstorganisation ermöglicht.

Der Weg zu mehr Selbstorganisation ist eng verknüpft mit der expliziten Einigung auf Prinzipien der Entscheidungsfindung.

Wenn man sich vorab auf diese Prinzipien einigt, macht das die folgenden Diskussionen zeitökonomischer und Beschlüsse leichter. Wer nämlich die Frage, wie nach dem Austausch der Argumente dann in der Gruppe entschieden wird, zu Beginn klärt, vermeidet Diskussionen zur Geschäftsordnung. Wir kennen das ja alle, dass diejenigen, die spüren, dass sie keine Mehrheit in der Gruppe für ihre Position erringen, darauf bestehen, dass nur einstimmig entscheiden werden kann. Einige Zeit später sind es dieselben Personen, die im Falle einer abzusehenden Mehrheit für Ihr Thema das Prinzip der Mehrheitsentscheidung lautstark bekräftigen.

Entscheidungsprämissen und Prinzipien der Entscheidungsfindung, die vorab geklärt sind, entkoppeln die inhaltliche Diskussion von der Frage der Entscheidungsfindung und verhindern so endlose Diskussionen und Machtmissbrauch.

Für die praktische Umsetzung der Transformation hin zu einer postmodernen Organisation haben sich verschiedene Rahmenbedingungen herausgebildet, mit denen aktuell experimentiert wird: da gibt es Ideen zur Unternehmensdemokratie, zum kollegial geführten Unternehmen und natürlich auch zur Netzwerkorganisationen. Auf eine, die Soziokratie, werde ich näher eingehen, weil sich hier grundlegende Prinzipien der Selbstorganisation gut zeigen lassen.

SOZIOKRATIE

Ist ein Ansatz aus der Mitte des letzten Jahrhunderts, der scheinbar gegensätzliche Ideen praktisch verbinden will:

- maximale Beteiligung aller bei höchster Effektivität und
- wirksame Entscheidungsprozesse bei größtmöglicher Autonomie der Organisationseinheiten.

Die Quadratur des Kreises also?

Und tatsächlich spielt der Kreis eine entscheidende Rolle in den Unternehmen, die sich soziokratisch aufstellen. Die folgende Abbildung zeigt die vier Kernelemente soziokratischer Organisationen

-> ORGANISATION IN KREISEN

Ein Kreis ist eine Gruppe im Unternehmen, deren Mitglieder für eine spezifische Aufgabe (z. B. Personalbetreuung) bzw. Zielerreichung (z. B. Produktionsvolumen) verantwortlich sind. In diesem Kreis finden die Ideenfindung, inhaltlichen Diskussionen, Informationsweitergabe und Entscheidungen statt.

Nehmen wir an, das Werk in Hintertupfingen wird soziokratisch organisiert. Dann gibt es dort einen Kreis, genannt „Werkssteuerung in Hintertupfingen". Die Teilnehmer des Kreises „Werkssteuerung in Hintertupfingen" sind allerdings nicht nur Mitglied in diesem Kreis, sondern auch in ihren jeweiligen Fachkreisen, z. B. Kreis „Werkscontrolling und -finanzen", Kreis „Werkspersonal" oder auch dem „Werkskantinenkreis". Durch die doppelte Mitgliedschaft in zwei Kreisen, werden die verschiedenen Steuerungsprozesse über Personen verbunden und so ein belastbares Kommunikationsnetz geknüpft. Hintertupfingen wäre eine „reine" soziokratische Organisation, ohne dass es noch Fachabteilungen oder Unternehmensbereiche geben würde.

Häufiger anzutreffen sind allerdings Misch- und Parallelformen der Soziokratie. So arbeiten manche Organisationen, die mit der Matrixorganisation keine guten Erfahrungen gemacht haben, zusätzlich mit soziokratischen Ansätzen und etablieren Kreise parallel zu einer funktionalen, fachlich geprägten Organisation. Damit sollen die sogenannten „Schnittstellen" besser bearbeitet werden. Es existieren dann einerseits die fachlich orientierten und hierarchisch strukturieren Abteilungen und Bereiche, wie Produktion, Controlling oder Human Resources, und andererseits Kreise für Produktionsplanung, Jahresabschluss und Personalbedarfssteuerung. Die Fachbereiche delegieren dazu Mitarbeiter aus ihren Teams in die jeweiligen Kreise.

-> ENTSCHEIDUNGEN IM KONSENT

Allen soziokratischen Organisationen gemeinsam ist das Konsent (mit dem Buchstaben T am Ende des Wortes)-Prinzip als Entscheidungsformat. Es sorgt für die Gleichwertigkeit aller Organisationsmitglieder bei der Beschlussfassung. **Das Konsentprinzip funktioniert so, dass „kein schwerwiegender und begründeter Einwand" die Zustimmung lenkt.** Es gilt also etwas als beschlossen, wenn kein schwerwiegender Einwand mehr vorgebracht wird. Es müssen daher, anders als beim Konsens-Prinzip, gar nicht alle für etwas sein, sondern nur niemand schwerwiegende Bedenken oder ein Veto haben.

Bei zunehmender Selbstorganisation ist die traditionelle Entscheidungsfindung an der Spitze, die sogenannte „Eskalation", untauglich. Gerade hierarchischen Linienorganisationen wurde beim Thema Entscheidungen bisher eine große Effizienz zugeschrieben. Das Sprichwort „Überall, wo es dampft und segelt, gibt es einen, der die Sache regelt" zeigt, wie verbreitet und akzeptiert das Prinzip der hierarchischen Entscheidung ist.

Organisationen, die sich in Richtung einer zunehmenden Selbstorganisationen verändern wollen, müssen allerdings zunehmend Gruppenentscheidungen organisieren. Daher bekommen bekannte, aber bislang eher wenig genutzte Formate, wie der Konsent oder die Konsultation, und Verfahren wie der Entscheidungsbeschleuniger eine neue Bedeutung. Im Methodenteil zu diesem Kapitel gehe ich ausführlich darauf ein, wie diese Formate praktisch organisiert werden.

Der Unterschied zwischen den tradierten und den wiederentdeckten Entscheidungsformaten wie zwischen dem bisher üblichen Konsens und dem noch wenig bekannten Konsent mag Ihnen auf den ersten Blick gar nicht so gross vorkommen. Sie mögen vielleicht denken, dass es doch egal sei, ob man nun so herum oder so herum abstimme.

PROBIEREN SIE AUS, WELCHEN UNTERSCHIED ES IN DER DYNAMIK EINER GRUPPE MACHT, OB MAN MEHRHEITEN FÜR EINE AKTION FINDEN MUSS (KONSENS) ODER EINE AKTION NUR DANN NICHT BESCHLOSSEN WIRD, WENN KLARE EINWÄNDE AUF DEN TISCH KOMMEN (KONSENT).

DIGITAL LEADERSHIP: TRANSFORMATION DER FÜHRUNG

Führung ist und bleibt im Change Management immer eine zentrale Variable. Daher kann es niemanden überraschen, dass im Zuge der großen Veränderungen in Organisationen auch das Thema Führung einen neuerlichen Wandel erlebt.

Eine Google-Anfrage zum Begriff „digital leadership" lieferte im Januar 2020 über 593 Mio. Ergebnisse. Kein Wunder, denn auch hier ist das Feld – ähnlich wie bei New Work – unübersichtlich.

Zwei Aspekte fallen mir besonders auf:

ein neues Führungsparadigma entsteht und

das Wissen über (digitale) Technologien wird Beststandteil des Kompetenzprofils von Führungskräften.

Die folgende Grafik zeigt ein neues Führungsparadigma dass sich im Slogan „vom ich zum wir" zusammenfassen lässt,. Angesichts der Möglichkeiten der Selbstorganisation ist die Zeit der einsamen Helden und Alleinherrscher an der Spitze nun definitiv vorbei [Hinz 2014].

Vorgesetzter	Führung
lenkt und nutzt Ressourcen	entwickelt Mitarbeiter
braucht Autorität	hat Einfluss
nutzt Belohnung und Sanktion	nutzt intrinsische Motivation
spricht in „ICH"-Form	spricht von „WIR"
sagt an	fragt nach

Der frühere Sprachgebrauch „Vorgesetzter" deutet schon an, dass hier jemand vorn ist, der weiß wie es geht, Ansagen macht und über den Ressourceneinsatz bestimmt. Lange Zeit haben Patriarchen mit Charakter, Ausstrahlung und der Gabe, eine gesamte Belegschaft zu neuen Ufern zu führen, Unternehmen von vorn geführt. Das klassische Management ist hierarchisch von oben nach unten organisiert und funktioniert, indem das Denken und Entscheiden (oben) von der Ausführung (unten) getrennt wird. Anweisung und Kontrolle stellen sicher, dass das, was getan werden muss, genauso getan wird, wie es vorgedacht wurde. In diesem Top-down-System schaffen Führungskräfte Strukturen und Prozesse mit definierten Anforderungs- und Stellenprofilen für die zugeordneten Mitarbeiter. Die Verantwortung für Strukturen und Prozesse liegt bei der einzelnen Führungskraft.

Wirksame Führung wird zunehmend kollegial, in Netzwerken, alternierend, als Team oder auch in Doppelspitzen organisiert. Die obige Grafik zeigt, dass der Dienstleistungscharakter der Führung in den Vordergrund tritt: Entwicklung fördern, mit Fragen führen, Sinn stiften und intrinsische Motivation nutzen.

Weg vom Pläne exekutieren	hin zum Steuern durch die Ungewissheit
Kompliziertes richtig managen	Komplexes sinnvoll führen
Motivation durch Bedürfnisbefriedigung	Motivation durch Sinn & Zusammenhang
Arbeitszeit	Leistungszeit
durchsetzen (deliver)	steuern (enable)
Teams entwickeln	Gruppendynamik nutzen & Selbstorganisation ermöglichen
Stellenbeschreibung erfüllen	ausgehandelte Rolle ausfüllen
best practice & benchmark	unterschiedliche Szenarien entwickeln
Seminare, Training, Coaching	kollegiale Beratung, Supervision

Denn die Aufgabe, die Selbstorganisation an Führung stellt, ist nicht mehr das Durchsetzen von Plänen, sondern das Manövrieren durch manch unbekanntes Gewässer. **Die Rahmenbedingungen der Führung wandeln sich:**

- Feste Anwesenheit und starre Stellenbeschreibungen werden durch flexible Arbeitszeiten und offene Rollenmodelle ersetzt.
- Teamworkshops und die dort vereinbarten Spielregeln der Zusammenarbeit weichen gruppendynamisch orientierten und offenen Veranstaltungen, in denen die Prinzipien der Selbstorganisation auf Augenhöhe ausgehandelt werden.
- Klarheit und Richtungsgenauigkeit, die bisher Benchmark-Analysen und Best Practices boten, werden abgelöst durch unterschiedliche Szenarien und Prototypen.
- Der bisherige Erfolgsbegriff, der sich vor allem an der Zielerreichung und finanziellen Kennzahlen bemisst, wird durch ein breiteres Verständnis von Erfolg abgelöst. Wie sich die Kultur entwickelt, wie die Stimmung ist, wie akzeptiert die Führung ist, wie viele und welche Personen neu in die Organisation kommen und wer das Unternehmen aus welchen Gründen verlässt rücken auch in den Fokus von guter Führung.

Insbesondere der breitere Erfolgsbegriff, der sich auch unter dem Begriff des „kulturellen Vorbildes" zusammenfassen lässt, ist wohl die größte Herausforderung für Führungskräfte; **Es geht nicht mehr um die einzelnen Aspekte der Führung, sondern um Führung als „Gesamtkunstwerk".**

Zu diesem neuen Führungsverständnis kommt noch ein zweiter Aspekt hinzu: **die technologische bzw. digitale Kompetenz.**

Früher mag es gereicht haben, sich nur für seine Fachaufgabe zu interessieren und die Bürosoftware leidlich bedienen zu können. Ging es dann doch einmal um IT-Themen, formulierte man seine Wünsche in ein Fachkonzept und übersandte es den „Leuten in der IT": die Fachabteilung bestimmte und die IT musste folgen. Dieser Zusammenhang dreht sich heute um. Geschäftsmodelle und -prozesse können nicht mehr rein fachlich und autonom in einer Abteilung entwickelt und dann „nur noch" technisch umgesetzt werden. Jetzt bestimmt die Technologie mehr denn je, wie die Fachleute ihr Geschäft betreiben können. Von Digital Leadern wird daher technologische Kompetenz in den Bereichen künstliche Intelligenz, Automation, Internet of Things, um nur einige zu nennen, erwartet.

Die Beratungsorganisation Capgemini hat dafür das Digital Mastery-Modell [Capgemini 2018] entwickelt. Wie so oft, erscheint auch diese Idee in einer Vier-Felder-Tafel, die **vier Reifegrade einer Führungskraft im Zuge einer digitalen Transformation** abbildet. Auf der x-Achse sind die Führungsfähigkeiten abgebildet, auf der vertikalen y-Achse der Grad der Digitalisierungsfähigkeiten. Hierunter fassen die Capgemini-Autoren nicht nur die technologischen Fähigkeiten, die ich eben aufgezählt habe, sondern auch

- die Fähigkeit, bessere Kundenzufriedenheit durch einen akzeptierten, schnellen und einfacheren Technologieeinsatz herzustellen,
- die wirksame Anpassung von Geschäftsmodellen und
- die Fähigkeit, Kostenvorteile der Digitalisierung schnell zu nutzen.

Darüber hinaus gehört auch die Fertigkeit, die Mitarbeiter technologisch weiterzuentwickeln, zu den Digitalisierungsfähigkeiten.

Nach einer Idee von CapGemini

Ist die Führungs- und die Digitalisierungsfähigkeit nur gering ausgeprägt, sprechen die Autoren von **Anfängern**. Die Anfänger kennen zwar das Thema digitale Transformation, aber trauen dem Braten nicht recht. An einzelnen Stellen der Organisation gibt es kleinere Experimente, aber diese werden kaum oder gar nicht verbunden. Eine Digitalisierungsstrategie sucht man vergebens.

Das ist bei den **Konservativen** ganz anders. Hier existiert eine Strategie und auch der belegbare Wille, sich in eine digitale Transformation zu begeben. Allerdings fehlt es an reifen digitalen Produkten und ebenso an einer wirksamen Verbindung von Geschäftsprozessen und digitalen Möglichkeiten.

Im Quadranten mit geringen Führungs-, aber hohen Digitalisierungsfähigkeiten finden wir die sogenannten **Fashionistas**, d. h. diejenigen, die zahlreiche ausgereifte digitale Features nutzen. Allerdings geschieht dies meist in begrenzten Räumen oder Silos und eben nicht über das ganze Unternehmen hinweg. Fashionistas reden beim Thema digitale Transformation immer über die gleiche Abteilung, denselben „fancy" Hub und dieselben „Leuchttürme", während andere Unternehmensteile im Schatten der Digitalisierung liegen bleiben.

Kommen hohe Fertigkeiten in der Digitalisierung und in der Führung zusammen, sprechen die Autoren von Capgemini von **digitalen Meistern**. Dort ist die digitale Transformation über die ganze Organisation etabliert, wirksam und zeigt sich positiv in der Gewinn- und Verlustrechnung.

In jeder Transformation müssen diejenigen, die als Führungskraft wirksam bleiben wollen, ihr Führungsrepertoire erweitern.

DIGITAL LEADERSHIP SETZT DIE RAHMENBEDINGUNG, UNTER DENEN SELBSTORGANISATION STEIGEN UND AGILITÄT GELINGEN KANN. DIES WIRD ERGÄNZT UM DAS WISSEN UM GRUNDLEGENDE TECHNISCHE ENTWICKLUNGEN, DIE DIE DIGITALISIERUNG HERVORBRINGT.

METHODEN-SET

KREISE ORGANISIEREN

ENTSCHEIDUNGS-BESCHLEUNIGER, KONSENT UND KONSULTATION

KREISE ORGANISIEREN

Ein Framework, Selbstorganisation zu etablieren, ist die Form der Kreisorganisation. Dabei werden die Wertschöpfungs- und Kommunikationsbeziehungen, d. h. die berufliche Kooperation, in Kreisen dargestellt und organisiert. Die Organisation dieser Kreise erfolgt auf zwei Ebenen, der Makro- und Mikroebene [Oestereich & Schröder 2017].

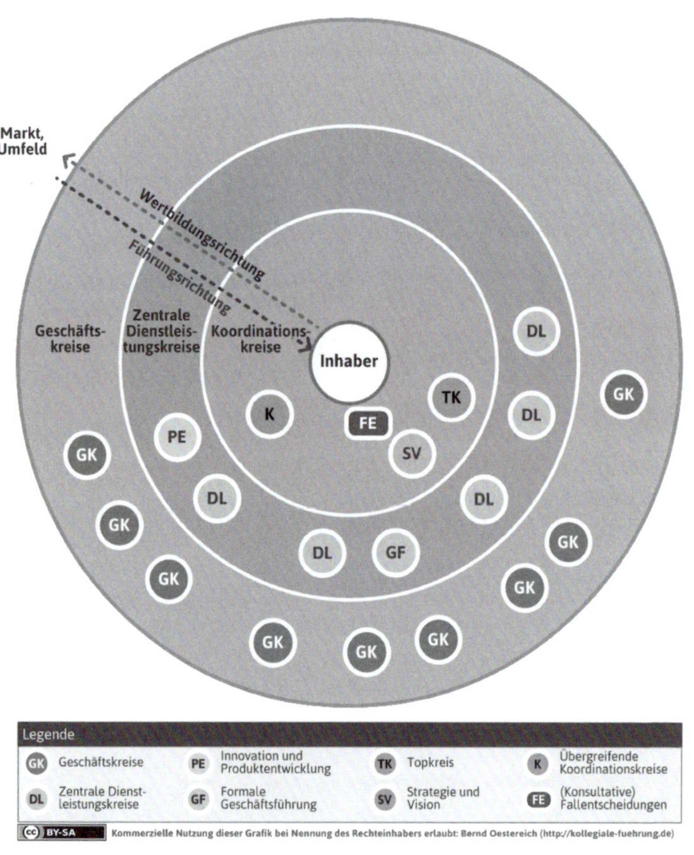

BY-SA Kommerzielle Nutzung dieser Grafik bei Nennung des Rechteinhabers erlaubt: Bernd Oestereich (http://kollegiale-fuehrung.de)

Auf der **Makroebene** wird die grundsätzliche Struktur der Organisation abgebildet. In der Abbildung sehen wir ein Beispiel einer inhabergeführten Organisation (wobei „Inhaber" als Platzhalter zu verstehen ist und Kreise auch für andere Eigentumsformen einer Organisation möglich sind). Es gibt Geschäftsbereiche und unterstützende Bereiche. Die Geschäftsbereiche sind „nah am Kunden bzw. Markt" und bilden sich z. B. nach einem regionalen, Produkt-, Branchen- oder Technologie- Prinzip. Sie bilden die Geschäftskreise [GK].

Die **unterstützenden Bereiche**, wie z.B. Finanzen, Human Resources oder Produktentwicklung, erbringen zentrale Dienstleistungen für die am Markt tätigen Geschäftskreise und bilden die sogenannten zentralen Dienstleistungskreise [DL]. Die Geschäftsführung der Organisation wird in diesem Kreismodell als zentraler Dienstleistungskreis verstanden, weil sie die formalen und rechtlichen Dienstleistungen zur Verfügung stellt, damit eine Organisation in unserer Wirtschaftsordnung überhaupt existieren kann. Die Koordinations- und Entscheidungsfunktion, die in der traditionellen hierarchischen Organisationen ebenfalls bei der Geschäftsführung verankert ist, liegt im Kreismodell jedoch in der Verantwortung von Koordinationskreisen [K]. Denn jeder GK und DL organisiert sich und seinen Verantwortungsbereich grundsätzlich selbst und braucht daher keine Geschäftsführung, die entscheidet. Damit die Kreisorganisation aber erfolgreich zusammenarbeiten kann und effizient wird, kommt eine dritte Makroebene hinzu: die Koordination. Dazu gibt es Koordinationskreise, in unserem Beispiel einen für die Strategie (SV) und den Topkreis (TK), wo die übergreifenden und vernetzten Unternehmensentscheidungen getroffen werden.

Auf der Makroebene der Kreisorganisation wird ebenfalls die Zugehörigkeit von Personen zu einem oder mehreren Kreisen geregelt. Ich hatte ja bereits oben am Beispiel des Werkes in Hintertupfingen ausgeführt, dass durch die doppelte Mitgliedschaft in zwei Kreisen die verschiedenen Steuerungsprozesse über Personen verbunden und so ein belastbares Kommunikationsnetz geknüpft wird. Konkret geschieht dies über die sogenannte Doppel- oder Einfachverbinder, die in der folgenden Grafik dargestellt sind.

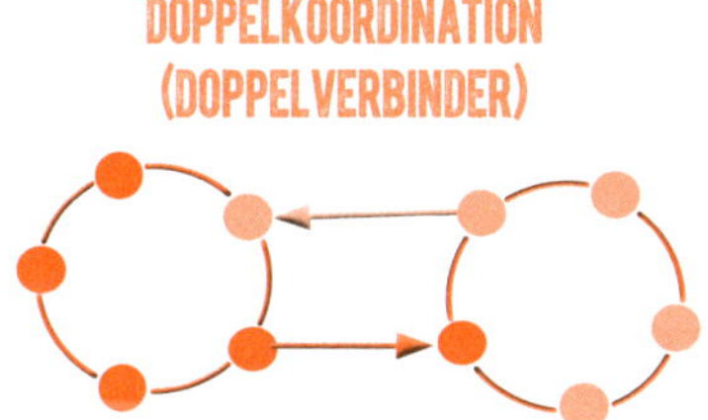

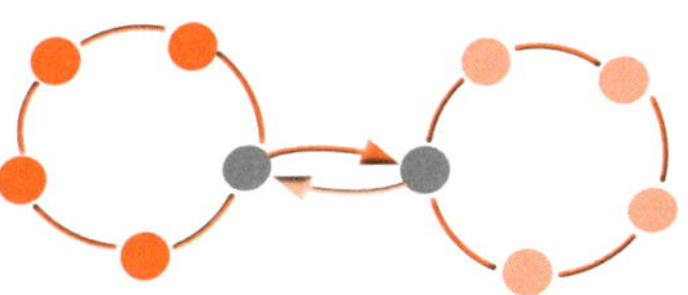

(cc) Bernd Oesterreich (https://kollegiale-fuehrung.de)

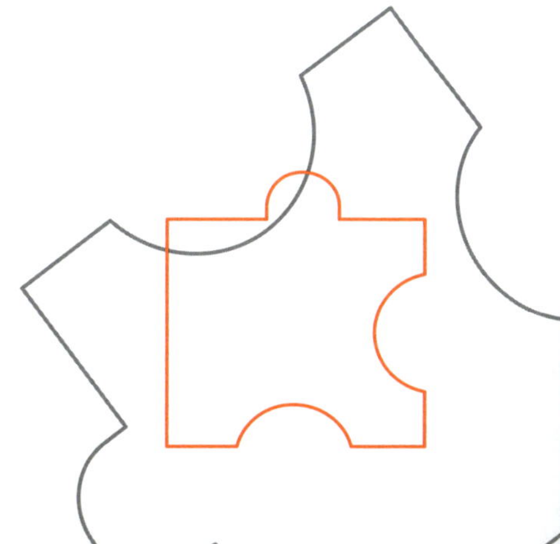

Die wirksame und übliche Form ist dabei die Entsendung von zwei Personen, d.h. jeweils ein Kreis entsendet eine Person in den anderen Kreis. Der Doppelverbinder stellt sicher, dass beide Personen klar im Auftrag und Interesse des sie entsendenden Kreises handeln können. Dies erhöht die Qualität der Kooperation in beiden Kreisen, benötigt dabei aber meist höhere Zeit- und Personalressourcen.

Daher hat sich zum Doppelverbinder eine Alternative herausgebildet. Wenn die Koordination beider Kreise durch eine Person erfolgt, sprechen wir von einem zeit- und ressourcenschonenderen Einfachverbinder, der höhere Ansprüche an die Kompetenz der von beiden Kreisen entsandten Person stellt. Denn die Einzelperson muss nun mit sich selbst die verschiedenen Aufträge und Interessen (auch Rollen genannt) der beiden Kreise balancieren. Die Wahrscheinlichkeit von versteckten Interessenkonflikten und „schlechterer" Kooperation steigt. Erfahrene Einfachverbinder begegnen diesem Risiko mit konsequent offener Kommunikation über ihre Aufträge und den auftretenden „zwei Herzen in ihrer Brust" und fördern so die Aufdeckung von gegensätzlichen Interessen, die sie allein nicht ausbalancieren können oder sollten.

Auf der **Mikroebene** der Kreisorganisation wird die Frage beantwortet, wie sich jeder einzelne Kreis organisieren sollte. Grundsätzlich obliegt es jedem Kreis selbst, welchen Kreisprozess er verabredet, um seine Aufgabe zu erledigen. Da die Soziokratie keine neue Form der Selbstorganisation ist, haben sich allerdings schon bewährte Prinzipien eines Kreisprozesses gebildet. Meine Kollegen Bernd Oestereich und Claudia Schröder schlagen in ihrem sehr lesenswerten Buch die vier Elemente

Führen - Informieren - Folgen - Reflektieren

vor.

Dabei beinhaltet

- **FÜHREN** alle Aktivitäten, mit denen der Kreis intern zu Entscheidungen kommt und sich extern mit anderen Kreisen und Organisationseinheiten abstimmt;
- **INFORMIEREN** alles, was der Herstellung von Transparenz und der Information dient, sowohl innerhalb des Kreises als auch nach außen;
- **FOLGEN** alle operativen Tätigkeiten, für die der Kreis zuständig und verantwortlich ist;
- **REFLEKTIEREN** die Selbstbeobachtung und das darauf aufbauende Lernen über die Kooperation im Kreis und mit anderen Kreisen.

Diese vier Elemente stehen in wechselseitigem Kontakt, weil Führen ohne Folgen nicht denkbar und Reflektieren ohne Information ineffizient ist. Die Ausübung der vier Elemente wird von Mitgliedern des Kreises wahrgenommen, die dabei durch Rollenmodelle (→ Kapitel 6) und Prinzipien (→ Kapitel 1) unterstützt werden. Typische Rollen innerhalb eines Kreises sind:

- **GASTGEBER**, der dem Kreis den Arbeitsraum schafft und die notwendigen Rahmenbedingungen, wie die Organisation der Treffen (Einladung, Agenda, Moderation) und Arbeitsmittel (Räume und deren Ausstattung) im Blick hat.
- **ÖKONOM**, der den Kreis dabei unterstützt, wirtschaftlich bzw. effektiv und effizient zu sein. Er stellt dafür Kennzahlen, Daten und Fakten bereit, hilft bei der Interpretation der Daten und der Ableitung von Maßnahmen.
- **REPRÄSENTANT**, der über einen Einfach- oder Doppelverbinder relevante Kreise miteinander verbindet.
- **FACHEXPERTE**, dem dauerhaft oder auf Zeit bestimmte fachliche Entscheidungen und Tätigkeiten übertragen werden.
- **DOKUMENTAR**, der dafür sorgt, dass die Ergebnisse eines Kreises für alle einfach und verständlich zugänglich sind.

Und der

- **LERNBEGLEITER**, der durch Prozessbegleitung, Moderation oder Coaching den Kreis oder einzelne Mitglieder des Kreises bei der Weiterentwicklung unterstützt.

Die Makroebene der Kreisorganisation strukturiert die Elemente der Organisation nach den Prinzipien von Geschäfts-, zentralen Dienstleistungs- und Koordinationskreisen sowie der Einfach- und Doppelverbindung.

Die Mikroebene der Kreisorganisation schafft durch die Definition von sechs zentralen Rollen und den vier Elementen **Führen – Informieren – Folgen – Reflektieren** ein Vorgehensmodell für die tägliche Arbeit.

Die gute Ausstattung beider Ebenen macht wirksame Kooperation in Kreisorganisationen möglich.

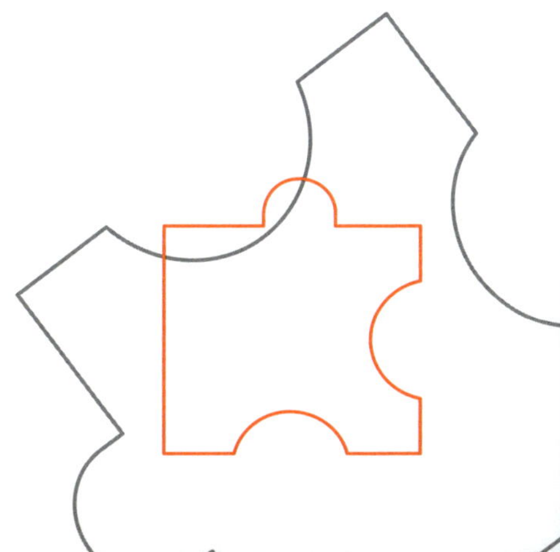

ENTSCHEIDUNGSBESCHLEUNIGER, KONSENT UND KONSULTATION

Der **Entscheidungsbeschleuniger** ist ein zeiteffizientes Verfahren, um einstimmige Entscheidungen bzw. einen Konsens herzustellen und eignet sich gut, um schnell Transparenz über die unterschiedlichen Meinungen herzustellen. Der Entscheidungsbeschleuniger verhindert durch seine anschauliche Darstellung der aktuellen Entscheidungspositionen die zeitraubenden und nervenden „Fensterreden", die bei traditionellen Konsens-Meetings oft vorkommen. Es werden nicht weiterhin Argumente ausgetauscht, obwohl schon ein Konsens erreicht ist, oder sich an Entscheider gewandt, die schon längst zugestimmt haben. In drei kurzen Schritten wird sichtbar, ob und wie ein Konsens erreichbar ist.

1. SCHRITT

Setzen Sie sich in einen Kreis und diskutieren Sie die zu entscheidende Angelegenheit. Formulieren Sie ausschlaggebende Fragen so, dass sie nur mit einem Ja oder Nein beantwortet werden können (Bsp.: Wollen wir innerhalb der nächsten zwei Jahre den südamerikanischen Markt erschließen?). Die „Ja-Sager" rücken mit ihrem Stuhl einen Meter zurück.

2. SCHRITT

Die Teilnehmer, die nach Schritt 1 im Innenkreis verblieben sind, diskutieren weiter bzw. fordern noch weitere Informationen zur Entscheidungsfindung ab. Wer bereit ist, seine Zustimmung jetzt zu geben, rückt ebenfalls einen Meter zurück.

3. SCHRITT

Falls alle Entscheider einen Meter zurückgerückt sind, ist die einstimmige Entscheidung erreicht. Wenn nicht, dann muss auf der Grundlage der eben gewonnenen Informationen eine neue Entscheidung bzw. eine neue ausschlaggebende Frage formuliert werden (Bsp.: Wollen wir dann lieber innerhalb der nächsten fünf Jahre den südamerikanischen Markt erschließen?).

Der **Konsent** ist ein Format zur Integration von Einwänden, Sorgen und Befürchtungen, das für Change-Prozesse und den darin oft auftretenden Emotionen (→ Kapitel 3) gut geeignet ist. Konsent ist die Übereinkunft darüber, dass kein begründeter Einwand die Beschlussfassung regiert. „Regiert" meint, dass Beschlüsse auch auf andere Weise als mit Konsent getroffen werden können, allerdings nur, wenn darüber mit Konsent entschieden wurde. „Begründet" bedeutet, dass man im Konsent nicht nur eine Position bezieht, sondern auch begründen muss, warum man diese Position bezogen hat. In der Praxis der Konsentfindung hat sich die Handabfrage bewährt, die in der folgenden Grafik dargestellt ist.

Vorbehaltlose Zustimmung

Enthaltung

Bedenken, die gehört werden sollen

Schwere Bedenken, die berücksichtigt werden sollen

Veto, d.h. ich blockiere die Entscheidung, denn sie schadet den Zielen/dem Zweck der Organisation

Die Teilnehmer geben dabei alle gleichzeitig per Handzeichen ihre Position bekannt. So wird (wie beim Entscheidungsbeschleuniger) rasch transparent, wie die unterschiedlichen Meinungen verteilt sind. Wie viele Personen einen Einwand haben, ist dabei weniger wichtig als der Inhalt des Einwands. Das Argument zählt, nicht die Stimme.

BEI DER ENTSCHEIDUNG DURCH KONSENT VERSUCHEN ALLE BETEILIGTEN GEMEINSAM, DIE EINWÄNDE ZU MINIMIEREN, ALSO DIE LÖSUNG SO ZU VARIIEREN (ODER NACH GANZ NEUEN LÖSUNGEN ZU SUCHEN), DASS WENIGER ODER GAR KEINE EINWÄNDE MEHR ÜBRIGBLEIBEN.

Bei einer **Konsultation** bzw. dem **konsultativen Einzelentscheid** entscheidet **eine** Person, nachdem sie eine Mindestanzahl von Teilnehmern angehört hat. So wird einerseits eine klare Entscheidungsverantwortung erzeugt und gleichzeitig ist Einbindung in die Entscheidungsfindung sichergestellt. Wir kennen dieses Entscheidungsformat beispielsweise bei Ärzten, wenn andere Fachärzte hinzugezogen werden, bevor der behandelnde Arzt den Therapieplan festlegt. Daher haben sich auch hier bereits einige Prinzipien als bewährt herauskristallisiert:

- Die Klärung des Problems (die Diagnose) steht immer am Beginn der Konsultation, d.h. die Diskussion über denkbare Lösungen ist an dieser Stelle nicht hilfreich und muss konsequent unterbunden werden.
- Wenn das Problem klar beschrieben ist, wird der Entscheider ausgewählt, denn die Person, die die Konsultation führt, muss in Expertise, Erfahrung und Persönlichkeit zum Problem „passen".
- Den Entscheider obliegt es dann, den Prozess zu gestalten. Wer wird um Rat gefragt? Was wird gefragt? Wie werden die Antworten dokumentiert?
- Nach der Einholung aller Ratschläge trifft der Entscheider dann eine eigene Abwägung und eine Entscheidung, die für das Problem und die Organisation sinnvoll ist.

Die Konsultation ermöglicht, dass oft verteilte Wissen in einem zügigen Verfahren einzubeziehen und so zu raschen, kollektiven Entscheidungen zu kommen. Dabei braucht es die Redlichkeit des Entscheiders, der verpflichtet ist, sich die besten und eben nicht nur die bequemen Ratschläge einzuholen und die Verbindlichkeit der Rat Gebenden, die ihre Expertise streng problembezogen und möglichst frei von taktischen und persönlichen Motiven geben.

SO BEGLEITEN SIE CHANGE-PROZESSE WIRKSAM

Die Höhe der Mitarbeiterbeteiligung ist einer der Bedingungen erfolgreichen Change Managements (→ Kapitel 1). Dafür tragen selbstverständlich alle Mitglieder der Organisation, d.h. sowohl Manager als auch Mitarbeiter, die Verantwortung. Gleichzeitig hat es sich bewährt, Veränderungsprozesse durch professionelle Prozessbegleiter bzw. das Veränderungsprojekt durch ein kundiges Projektteam begleiten zu lassen. Denn erfolgreiche Veränderungsprozesse sind immer eine Teamleistung und nicht die Arbeit von einsamen Helden. Zu viel ist zu beobachten, und an zu vielen Stellen gleichzeitig sollte man sein. Da ist es gut, wenn Sie die Kraft der Gruppe nutzen.

So wie bei den Formen der Selbstorganisation (→ Kapitel 5) die Kompetenz zur Kollaboration in den Vordergrund tritt und das persönliche Arbeitsverhalten sich zwischen Netzwerken und Eigenverantwortung neu justiert, sollte sich auch die Begleitung von Transformationen verändern. Wirksamer Wandel wird von heterogenen Change-Teams gesteuert. Die Intelligenz der Vielen wird genutzt, und Entscheidungen werden da getroffen, wo das Problem bzw. die Notwendigkeit liegt – und eben nicht mehr „hocheskaliert".

Aus der Forschung über „Schwarmintelligenz" wissen wir, dass **Gruppenentscheidungen den Entscheidungen von Einzelpersonen gerade in komplexen, unsicheren Situationen überlegen sind.** Denn funktionierende Zusammenarbeit

- gleicht Missverständnisse, Informationsdefizite und Fehler gegenseitig aus,
- erfasst und beschreibt die Lage, das Problem und die Herausforderung vollständiger,
- kreiert mehr Alternativen und Szenarien,
- nutzt die individuellen Ressourcen gut, ohne sie zu überlasten.

In performanten Change-Teams wechselt die Arbeitsbelastung jedes Einzelnen immer zwischen Phasen der Anspannung und Entspannung, ohne die Aufmerksamkeit zu verringern. Dieser Spannungswechsel fördert die individuelle Kreativität und steigert das gemeinsame Leistungsniveau. Ein Effekt, der uns übrigens aus dem Radsport wohl bekannt ist, wenn funktionierende Verfolgergruppen durch ständigen Führungswechsel den einsamen Kämpfer an der Spitze vor dem Ziel noch einholen.

CHANGE-AGENTEN

Die Agenten des Wandels helfen der Organisation, einen Prozess aufzusetzen, der hohe Mitarbeiterbeteiligung und hohes Veränderungstempo (→ Kapitel 1) erreicht. Sie sind Vorbilder der Veränderung: integer und glaubwürdig, sie kennen sich mit gruppendynamischen Prozessen aus. Sie steuern den Veränderungsprozess, helfen bei der Klärung durch professionelle Moderation, Coaching und agile Arbeitsformate. Erinnern Sie sich noch an die Theatermetapher, die ich bei der Vorstellung der Kommunikationsformate (→ Kapitel 4) eingeführt habe? In diesem Sinne ist ein Change-Agent Mitglied des Regieteams des neuen Stückes, aber nicht der Intendant des Theaters.

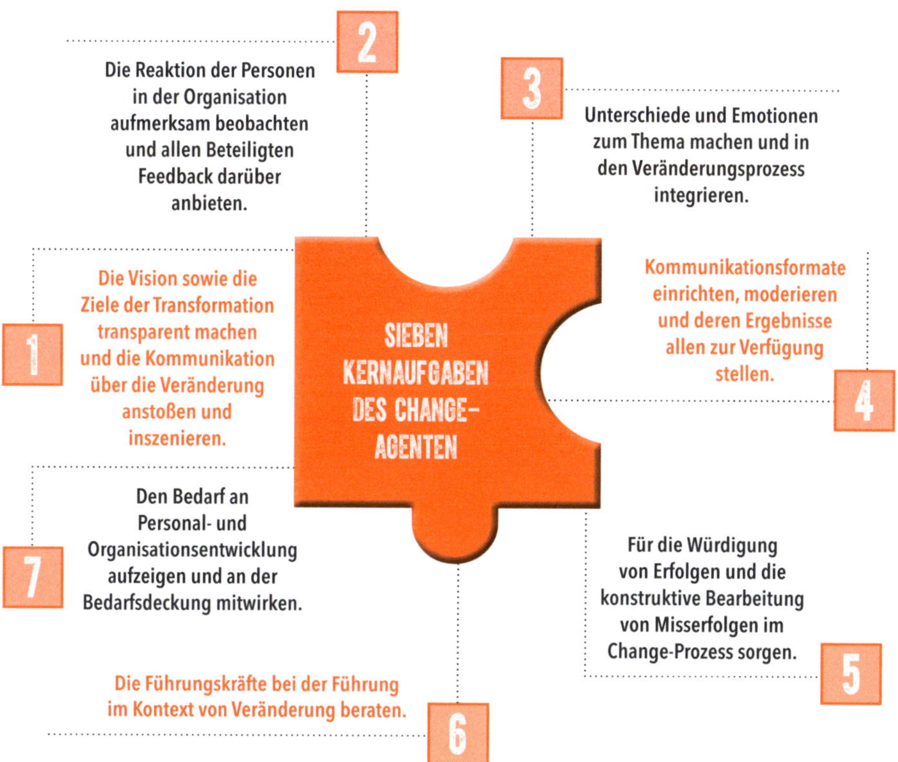

Die Unterstützung, die Change-Agenten für ein Veränderungsprojekt leisten können, passt sich an den Kontext der Veränderung und an die Größe der Transformation an. Je nachdem, wie groß die Veränderung und wie erfahren die Organisation beim Thema Veränderung ist, braucht es eine unterschiedliche Tiefe der Unterstützung durch Change-Agenten.

Jeder Transformationsprozess ist also einerseits spezifisch und kann deswegen keiner Schablone folgen. Andererseits braucht die Modellierung eines spezifischen Prozesses Eckpunkte der Orientierung, damit Change-Agenten die Tiefe ihrer Unterstützung wirksam steuern können. Dabei hat sich die Unterscheidung in drei Eckpunkte bewährt: das Basis-, das Standard- und das Exklusiv-Modell. Alle drei sind in der folgenden Abbildung zu sehen.

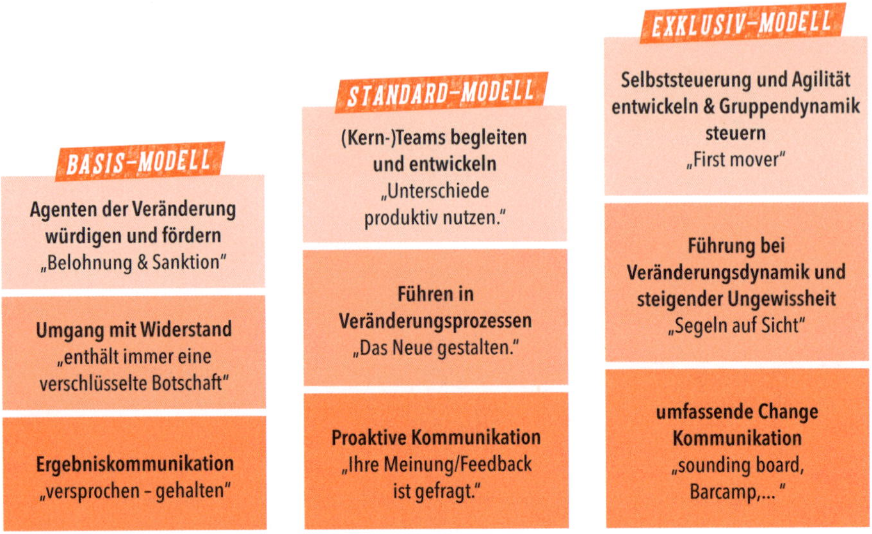

BASIS-MODELL	STANDARD-MODELL	EXKLUSIV-MODELL
Agenten der Veränderung würdigen und fördern „Belohnung & Sanktion"	**(Kern-)Teams begleiten und entwickeln** „Unterschiede produktiv nutzen."	**Selbststeuerung und Agilität entwickeln & Gruppendynamik steuern** „First mover"
Umgang mit Widerstand „enthält immer eine verschlüsselte Botschaft"	**Führen in Veränderungsprozessen** „Das Neue gestalten."	**Führung bei Veränderungsdynamik und steigender Ungewissheit** „Segeln auf Sicht"
Ergebniskommunikation „versprochen – gehalten"	**Proaktive Kommunikation** „Ihre Meinung/Feedback ist gefragt."	**umfassende Change Kommunikation** „sounding board, Barcamp,… "

Im **Basis-Modell** kümmern sich die Change-Agenten darum, dass die Kommunikation nach dem Muster „das haben wir versprochen, das haben wir gehalten bzw. umgesetzt" organisiert wird. Die Betroffenen werden über die Ergebnisse auf dem Laufenden gehalten. Im Basis-Modell sind die Change-Agenten achtsam für Phänomene des Widerstandes und entschlüsseln die dahin enthaltenen Botschaften für ihren Veränderungsprozess. Auf der Ebene der Organisationsstruktur arbeiten die Change-Agenten daran, dass diejenigen, die den Veränderungsprozess durch Tat und Feedback unterstützen, gewürdigt werden.

Im **Standardmodell** ist die Kommunikation nicht nur auf das Ergebnis ausgerichtet, sondern geht auf die Organisationsmitglieder aktiv zu. Aktives Fragen und Kommunikationsformate, die Feedback befördern, sind hier das Handlungsfeld der Change-Agenten. Sie verringern die Lernangst in der Organisation, indem sie ihr Wissen um wirksame Veränderungsprozesse an die Führungskräfte weitergeben. Zusätzlich nehmen die Change-Agenten im Standardmodell das Thema Kollaboration im Team in den Fokus.

Wenn Change-Agenten das **Exklusiv-Modell** der Transformation einsetzen, nutzen sie das ganze Repertoire von Kommunikationsformaten, um die Organisation umfassend einzubinden. Neben der Achtsamkeit auf Widerstand und dem Thema „Führen in Veränderung" kümmern sie sich nun auch um die Dynamik von Veränderungsprozessen, Rückkopplungen und den Umgang mit Ungewissheit. Die Organisation wird im Umgang mit Gruppendynamik geschult, Selbstorganisation ermöglicht und agile Frameworks eingeführt.

CHANGE-TEAMS

Gemeinsamkeiten und Unterschiede in den Interessen der Teammitglieder sind der Ausgangspunkt jeder Teamentwicklung, auch beim Change-Team. Denn es liegt in der Natur der Sache: Selbst wenn sich Change-Agenten freiwillig und motiviert zu einem Veränderungsanlass zusammenfinden, ist das nicht reibungsfrei. Jedes potenzielle Mitglied hat Interessen, die es entweder gewahrt oder durchgesetzt haben möchte:

- Vorstellungen, welche Aufgaben wie erledigt werden müssen,
- Wünsche nach eigenen Verantwortungsbereichen, in die man sich nicht „hineinreden lassen" will,
- Themen, die man als Top-Priorität oder Tabu versteht,
- Vorstellungen über die eigene Macht- und Einflusssphäre und welche Macht und welchen Einfluss die anderen haben sollen,

und natürlich

- Vorstellungen darüber, wie Kooperation im Change Management-Team zu laufen hat.

Diese persönlichen Interessen gilt es zu Beginn so miteinander zu verhandeln, dass daraus keine Stolpersteine oder gar unlösbare Konflikte werden.

Seit Kurt Lewin, der mit seinen Pionierarbeiten die Grundlagen für wirksames Change Management gelegt hat, ist das Verständnis einer Teamentwicklung als Prozess, der um die beiden Pole „Was haben wir gemeinsam?" und „Was unterscheidet uns?" pendelt, Allgemeingut [Lewin 1963]. Auch im Change-Team werden Sie diese zwei Kräfte erleben. Zum einen entsteht bei jeder Gruppenbildung der Wunsch nach Zusammenhalt durch Integration aller Mitglieder. In dieser Phase werden die Gemeinsamkeiten und die Dinge, die man ähnlich einschätzt bzw. erlebt hat, betont. So entsteht das notwendige Zusammengehörigkeitsgefühl, das ein Transformations-Team am Anfang seiner Entwicklung braucht.

Gleichzeitig gibt es den Wunsch nach Individualität und dem Schutz persönlicher Interessen. Um also nicht im harmonischen Gruppenkonsens unsichtbar zu werden, setzt eine individuelle Differenzierung im Team ein. Unterschiede werden sichtbar und Konflikte können produktiv bearbeitet werden. **Beide Pole, Gemeinsamkeiten *und* Unterschiede, sind deshalb für ein funktionierendes Change-Management-Team gleichermaßen wichtig!**

Denn Change-Agenten, die sich nur um Integration kümmern, erzeugen eine unproduktive Situation. Diese Gruppe wird nie zum wirksamen Team, weil sie in der Überbetonung der Gemeinsamkeiten stecken bleibt und den Interessenaushandlungsprozess nie wirklich beginnt. Auf der anderen Seite scheitern Change-Teams, die nur ihre Unterschiede in den Vordergrund stellen, durch eine übertriebene Differenzierung. Diese Gruppe vergisst ihre grundlegenden Gemeinsamkeiten und verliert damit die Basis der Kooperation. Das Team wird aufgelöst und jeder Change-Agent geht wieder seinen einsamen Heldenweg.

DAS CHANGE TEAM IST IN SEINEM ENTWICKLUNGSPROZESS EIN ABBILD DES GESAMTEN VERÄNDERUNGSPROZESSES. OFT TRÄGT ES KONFLIKTE STELLVERTRETEND FÜR DIE GESAMTE ORGANISATION AUS, WENN DIE CHANGE-AGENTEN DIE EMOTIONEN UND WIDERSTÄNDE DER BETROFFENEN WIDERSPIEGELN.

Das ist aber kein Problem oder Fehler, sondern eine der Dienstleistungen, die das Change-Management-Team für die Organisation und den Veränderungsprozess erbringt. Es ist Vorbild und Übungsraum für den Umgang mit der Veränderung.

Denn wenn das Team Themen und Emotionen aus der Organisation spiegelt und selbst bearbeitet, erleben die Mitglieder des Change-Management-Teams die Verringerung der Lernangst quasi am eigenen Leib und erkennen, wie sie die Organisation bei der Veränderung unterstützen können.

AGILE COACHES

In Transformationen, deren Fokus auf Selbstorganisation, „New Work" oder Agilität liegen, begegnet man kaum Change-Agenten, sondern meist einem agilen Coach. Nun ist Coaching seit Jahrzehnten ein schillernder Begriff und wird heute von nahezu jedem und für fast alles verwendet. Doch damit nicht genug. Auch der Begriff des agilen Coaches ist ähnlich überladen und facettenreich wie der Begriff des New Work (→ Kapitel 5). Svenja Hofert nennt dies einen „Agile-Begriffs-Einheitsbrei" [Hofert 2018] und hat in ihrem Blog einmal die typischen Ausprägungen eines agilen Coaches, nämlich

- Coaching/Moderation,
- Beratung und
- Training,

genauer unter die Lupe genommen.

Der agile Coach in der Trainer-Variante hat seinen Ursprung im angelsächsischen Verständnis von Coaching im Sinne eines (Sport-)Trainers. In dieser Ausprägung geht agiles Coaching davon aus, dass es bewährte Methoden gibt, die in Transformationen eingesetzt werden müssen, um bestimmte Ziele zu erreichen. Der agile Coach „treibt" den Veränderungsprozess also in eine bestimmte, vorher festgelegte Richtung, meist den Benchmarks einer Branche (aktuell sind dies etwa Google, Tesla oder Spotify), und ist mit seiner Unterstützung vor allem auf Tempoverbesserung aus.

Häufiger anzutreffen ist die Berater-Variante des agilen Coachings. Hier steht die Vermittlung von Regeln, (zertifizierten) Standards und Vorgehensmodellen im Vordergrund. Der agile Coach, der in der Berater-Variante auch oft ein Scrum Master ist, sorgt in Veränderungsprozessen vor allem dafür, dass sich die Organisation an die Regeln/das Modell der Transformation hält.

Agile Coaches, die in der Variante Moderation oder Coaching arbeiten, kommen den von mir beschriebenen Change-Agenten am nächsten. Sie unterstützen die Organisation in ihrer spezifischen Transformation als Begleiter, d.h. ohne Fokus auf Benchmarks oder feste Regeln, die es einzuhalten gilt. Mit Erfahrungswissen, Methodenschatz und einer moderierenden Haltung unterstützt ein agiler Coach in der Variante Moderation oder Coaching alle Mitglieder der Organisation beim Lernen des Neuen.

In letzter Zeit ist die Anzahl der agilen Coaches gestiegen, die in der Variante Feelgood Manager bei Veränderungsprozessen anzutreffen sind. Insbesondere in Transformationen, die stark auf Selbstorganisation ausgerichtet sind, sorgt diese Variante für Integration, Beachtung von Emotionen und sehr hohe Beteiligung der Mitarbeiter.

Ob und wie ein agiler Coach für Ihren Transformationsprozess wirksam ist, hängt also sehr von der Variante des agilen Coachings ab, dass Ihr Change Management sinnvoll unterstützt. Klären Sie deshalb vorher, welche Variante wann gebraucht wird und welche Person in welcher Variante leistungsfähig ist.

WIDERSTEHEN SIE DEM REIZ, DIE ROLLE DES AGILEN COACHES ZUR SPRICHWÖRTLICHEN EIERLEGENDEN WOLLMILCHSAU AUFZUBLASEN UND DAMIT LETZTENDLICH UNWIRKSAM ZU MACHEN.

REBELLEN UND NARREN

Einen besonderen Typ von Change-Agenten und Change-Teams bilden die Organisationsrebellen und Hofnarren. Es sind Personen, die „kein Blatt vor den Mund nehmen" und das sagen, was sich sonst keiner mehr traut.

So konfrontiert im bekannten Märchen von des Kaisers neuen Kleidern ein Kind alle Anwesenden mit dem Offensichtlichen: Der Kaiser ist doch nackt. Es spricht aus, was alle sehen, aber niemand sich auszusprechen wagt, weil es „Majestätsbeleidigung" wäre. So sind die Hofnarren eigentlich auch keine Unterhalter oder Spaßmacher, sondern ernste Figuren. Durch ihre Narrheit waren sie allerdings von den gesellschaftlichen bzw. höfischen Regeln entbunden und konnten so auf mehr oder weniger subtile und witzige Weise Missstände zur Sprache bringen und so die Mächtigen zum Nachdenken und Umdenken anregen.

In Transformationsprozessen sind Hofnarren insbesondere am Beginn von Veränderungen wirksam, wenn sie den *case of change* zur Sprache bringen. Dabei werden sie in einer ersten Reaktion oft als Rebellen angesehen und insbesondere von Personen, deren Lernangst (→ Kapitel 3) sehr hoch ist, abgestoßen. Auch wenn diese Reaktion psychologisch erklärbar ist, bleibt sie trotzdem dysfunktional. Denn die Beiträge von Hofnarren und Rebellen sind fast immer relevant und meist sogar überlebenswichtig für eine Organisation.

Daher lohnt sich ein differenzierter Blick auf sie:

Organisationsrebellen ...
sind keine Störenfriede, sondern wollen die Organisation besser machen.
sorgen sich um die Ergebnisse und scheuen deshalb keine Konflikte.
betonen die Möglichkeiten und Unterschiede und vernachlässigen Bewährtes und Gemeinsames.
brauchen eine Umgebung, in der Widerspruch und Infagestellen mit Interesse begegnet wird.
schätzen Bestätigung und Wertschätzung, gerade wenn sie Berge versetzen.
leben vor, wie man Risiken eingeht und experimentiert.
wollen Herausforderung, knifflige Probleme und Dinge „zum Zähne ausbeißen".
verachten Lippenbekenntnisse und Schönfärberei.
brauchen Begleitung in mikropolitischen und „Macht"-Fragen, um nicht an der Organisation zu scheitern.

Und natürlich erfordert die Rolle des Hofnarren oder Rebells auch eine besondere Portion Mut und Risikobereitschaft. Der Unternehmer und Buchautor Giffort Pinchot hat bereits in den 1980er-Jahren besondere Merkmale für einen Intrapreneur, also einen Unternehmer in einem Unternehmen, zusammengetragen, die auch für wirksame Hofnarren gelten:

1 Komme mit der Bereitschaft, dich feuern zu lassen, zur Arbeit.
2 Umgehe die Anweisungen, die dich behindern.
3 Unternimm alles, um dein Veränderungsprojekt fortzuführen, egal was in der Stellenbeschreibung steht.
4 Bleib im Untergrund, solange du kannst, denn Publicity löst meist eine Abwehrreaktion der Organisation aus.
5 Setze nur auf Prozesse, an denen du beteiligt bist.
6 Erkenne deine Unterstützer an, denn du benötigst (mikro)politische Hilfe.
7 Bleib dir in deinen Zielen treu und sei flexibel bei deren Erreichung.
8 Suche dir Kollegen, die dich unterstützen.
9 Folge deiner Intuition, welche Leute du aussuchst und arbeite nicht mit Kompromisskandidaten.
10 Es ist einfacher, um Vergebung als um Erlaubnis zu bitten.

DER CHANGE-START-UP

Die meisten Veränderungsvorhaben werden in Form eines Projektes durchgeführt. Das macht Sinn, wenn wir auf die Definition eines Projektes schauen. Denn die DIN-Norm definiert ein Projekt als ein Vorhaben,

- dass im Wesentlichen durch Einmaligkeit der Bedingungen in ihrer Gesamtheit gekennzeichnet ist,
- eine Zielvorgabe (Soll/Ist) hat,
- unter zeitlichen, finanziellen, personellen und anderen Begrenzungen durchgeführt wird und
- durch eine projektspezifische Organisation gegenüber der Stammorganisation abgegrenzt ist.

Es macht also Sinn, wenn Change-Teams das Repertoire des Projektmanagements nutzen, um die Transformation wirksam zu gestalten. Zum Start hat sich dabei ein besonderes Format, der Start-up-Workshop bewährt. Er

- macht das Ziel bzw. den *case of change* deutlich und transparent,
- kreiert durch einen Phasenplan, Meilensteine und die Projektstruktur ein erstes konkretes Bild der Transformation,
- erkennt versteckte Chancen und Risiken zu einem frühen Zeitpunkt und
- stärkt das Change-Team.

TYPISCHER ABLAUF EINES START-UP-WORKSHOPS

TAG 1 & 2:

A. DER ANLASS UND DAS ZIEL (CASE OF CHANGE)

Leitfragen:
Warum dieses Projekt? Was soll anders werden? Was soll neu und besser funktionieren? Wenn das Projekt beendet ist, erkennt man etwas? Dieser neue Weg/Zustand ist deswegen besser/nötig/sinnvoll, weil?

Methode:
Moderierter Kurz-Workshop, in den auch wichtige Stakeholder eingebunden werden.

Ergebnis:
Ein klares Bild des „weg von … hin zu …" in Form einer kraftvollen Botschaft, der Beschreibung von Zielen und Nicht-Zielen und einer ersten Zielhierarchie.

B. DIE TRANSFORMATION UND IHRE PHASEN

Leitfragen:
Welchen Handlungsbedarf gibt es? Was muss getan werden? In welcher Reihenfolge wird was getan? Welchen typischen Verlauf erwarten wir und was bedeutet das für unser Projekt?

Methode:
Input und Gruppenarbeit zu Change-Philosophien und -Treibern der Veränderung (→ Kapitel 1).

Ergebnis:
Klarheit über die grundlegenden Projektphasen und das „Changekonzept", d. h. welche Art von Transformationsprojekt (Basis-, Standard oder Exclusiv-Modell) gemacht werden soll.

C. UMFELD- & STAKEHOLDERANALYSE

Leitfragen:
Wer hat welche Interessen an und Einfluss auf das Projekt? Wer muss/soll/darf eingebunden werden? Wie nah und wie weit sind Stakeholder an dem Projekt „dran"? Wer sind die Schlüsselpersonen für die „neue Welt"?

Methode:
Angeleitetes Stakeholdermapping (→ Kapitel 1) in Kleingruppen; Erstellung einer Einflussmatrix.

Ergebnis:
Transparenz über das Projektumfeld und die Personen/Gruppen, die für den Erfolg des Projektes relevant sind.

D. DAS PROJEKT PLANEN

Leitfragen:

Welche Aufgaben und Tätigkeiten sind notwendig? Wer macht was bis wann? Was gehört zeitlich und inhaltlich zusammen? Wie steuern wir das Projekt? Wie ist das Berichtswesen?

Methode:

Input über sinnvolles Projektmanagement; Moderation eines Planungsworkshops, der in zwei bis drei iterativen „Schleifen" eine Projektstruktur, einen ersten Terminplan und Ressourcenplan erstellt; Visualisierung der Abhängigkeiten zwischen Projekt und Linie bzw. Veränderungsschritten und Tagesgeschäft; Definition der zentralen Rollen.

Ergebnis: der Transformations-Masterplan

E. ABSICHTSVOLL UND AUFRÜTTELND KOMMUNIZIEREN

Leitfragen:

Wie wollen wir die Organisation informieren, involvieren bzw. aufrütteln? Welche Nachfragen, Diskussionen und Emotionen erwarten wir? Wie bereiten wir uns darauf vor? Welche Kommunikationsformate wollen wir wann, wo und wozu nutzen?

Methode:

Input zum Thema Widerstand (→ Kapitel 3); Spannungsbogen und Formate der Kommunikation (→ Kapitel 5); Erarbeitung eines Kommunikationsplanes für die ersten Wochen.

Ergebnis:

Ein abgestimmter Kommunikationsplan, der das Projektumfeld und die Personen/Gruppen, die für den Erfolg des Projektes relevant sind, effektiv adressiert.

TO DO'S NACH SCHRITT E:

- Verabredung der weiteren Schritte und Verantwortlichkeiten zur Vorbereitung des Kick-offs (Schritt F)
- Feinplanung der Arbeitspakete und Teilprojekte
- Einwerben der Ressourcen
- Wichtige Stakeholder mit der Taktik-Matrix (→ Kapitel 4) hinter sich bringen

TAG 3 (NACH 2 BIS 3 WOCHEN)

F. DEN KICK-OFF VORBEREITEN

Leitfragen:
Was wollen wir wie über unser Projekt berichten, damit das Projektteam motiviert an die Arbeit geht? Wie präsentieren wir das Projektziel? Welche Fragen erwarten wir und wie bereiten wir uns darauf vor? Welche Erwartungen haben wir an das Projetteam und wie „bringen wir sie rüber"?

Methode:
Moderierter Workshop mit situativ erforderlichem Input/Expertenberatung.

Ergebnis:
Vereinbarung über den Ablauf, die Inhalte und die Rollenverteilung eines professionellen Kick-off-Meetings.

TAG 4 (NACH CA. 6 WOCHEN)

G. DIE FEINSTEUERUNG VERBESSERN

Leitfragen:
Wo steht das Projekt? Wo läuft es gut und wo nicht so gut? Welche Anpassungen wollen wir vornehmen?

Methode:
Kollegiale Beratung (→ Kapitel 3), ergänzt um situativ und thematisch erforderlichen Input (z. B. Änderungsmanagement, Umgang mit Widerstand und De-/Übermotivation, Steuern von Gruppendynamik, Kommunikation in „heiklen" Situationen, Mikropolitik, Macht & Einfluss)

Ergebnis:
Lösungen für die aktuellen Herausforderungen der Projektführung/-steuerung.

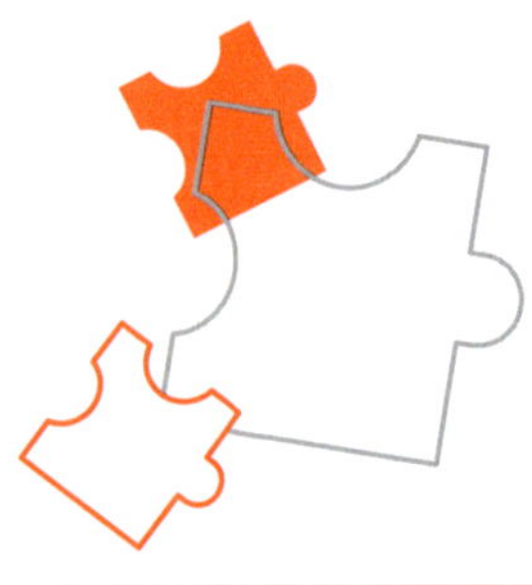

METHODEN-SET

CANVAS

SELBSTEINSCHÄTZUNG ALS CHANGE AGENT

LIBERATING STRUCTURES

MODERATION UND DIE „GOLDENEN“ REGELN DER GRUPPENARBEIT

REFLECTING-TEAM

CANVAS

Sie haben sicher schon einmal beobachtet, wie eine Gruppen vor einem großen Plakat steht und Karten darauf platziert, die hin- und hergeschoben werden. Man nennt diese in einzelne Felder unterteilte Plakate Canvas (englisch für Leinwand). Der bekannteste Canvas ist sicherlich der Business Model Canvas, der unter einer Creative Commons Licence (CC) veröffentlicht wurde. Dieses offene Lizenzmodell hat es ermöglicht, dass in Folge eine Vielzahl von Canvas für unterschiedliche Geschäftsthemen entstanden ist.

Den Canvas in der folgenden Abbildung habe ich für einen Workshop mit Change-Agenten, also Personen, die Transformationsprozesse begleiten, konzipiert. Wir nutzen ihn, um die von den Teilnehmern mitgebrachten Praxisfälle zu besprechen.

Change it

Dringlichkeit
3 Haupttreiber – was UNBEDINGT verändert werden muss

Was kann die Organisation rasch umsetzen?

Zielzustand

Aktion
Welche Methoden?

Vision
in 1–3 Sätzen

bei den Menschen wird man es bemerken, wenn …

in der Organisation wird man es merken, wenn …

Kommunikationsarchitektur

Erfolgskriterien

Tabus

Menschen
Treiber/Koalition der Willigen

Verhinderer

Zweifler

Unveränderlicher Rahmen
Budgetrestriktionen, Termine, Personalressourcen, …

Commitment
Mitarbeiter, Führungskräfte und Change-Agenten

Erwarteter Gewinn
Leistung, Fähigkeiten, Klima, …

nächste Schritte

Sinn und Zweck der Visualisierung einer Themenstellung über einen Canvas ist, eine gemeinsame Sprache zur Beschreibung, Visualisierung, Bewertung und Veränderung des Themas zu erreichen. Durch die themenbezogene Leinwand kann man

- schnell die Situation erfassen,
- übersichtlich den Prozess darstellen,
- verschiedene Szenarien durchspielen und damit
- unterschiedliche Ideen besser vergleichbar machen.

Die Arbeit mit einem Canvas ist stark lösungsorientiert und fokussiert auf konkrete Schritte. **Sie fördert das Handeln genauso wie den Austausch über Alternativen.** Dabei ist sie ebenso einfach wie die Arbeit mit einem Flipchart, sorgt durch ihre vorgegebenen Strukturen aber dafür, dass die „Weiße-Blatt-Schwelle" so gut wie gar nicht mehr auftritt. Diese Schwelle kennen Sie sicher auch: Mit mehreren Personen stehen Sie vor einem unbeschriebenen Flipchart und es dauert lange, bis endlich einmal angefangen bzw. ein erstes Ergebnis darauf notiert wird. Durch die Führung, die die Felder des Canvas den Bearbeitern geben, ist diese Schwelle sehr viel niedriger.

Die Methode ist konsequent auf die Zusammenarbeit in einem Team ausgelegt und daher eine gute Alternative zu endlosen Diskussionen. Die Arbeit mit einem Canvas braucht Fläche (ich drucke die Leinwände immer im Format DIN A0 aus), an der mehrere Personen mit Post-its, Sticky Notes oder Stattys etwas darstellen und diskutieren können. Ein ausgefüllter Canvas ist nichts Endgültiges, denn die Post-its werden immer wieder verschoben, ergänzt oder abgenommen. Daher ist ein Canvas ideal für das inkrementelle, iterative und interaktive Arbeiten nach der 3i-Regel (→ Kapitel 2).

SELBSTEINSCHÄTZUNG ALS CHANGE AGENT

Eine typische Frage, die ich oft als externer Begleiter von Change-Prozessen höre, ist: „Lust auf die Transformation hätte ich schon, aber kann ich das?" Ich finde, dass dieser Respekt vor der Rolle des Change-Agenten angebracht ist, denn die Anforderungen an ihn sind vielfältig.

Der folgende Fragebogen hilft bei der Selbsteinschätzung. Noch besser ist, wenn jeder Change-Agent seine Selbsteinschätzung im Change-Team zur Diskussion stellt. So kann das Team gemeinsam erkennen, welche Kompetenzen gut vertreten sind und in welchen Feldern Unterstützung sinnvoll ist.

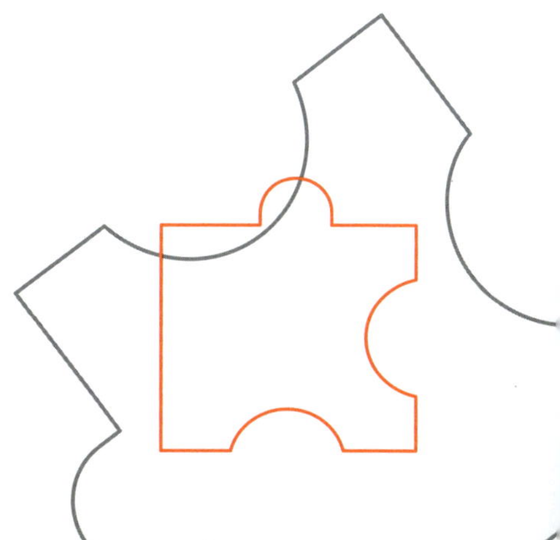

EIN FRAGEBOGEN ZUR SELBSTEINSCHÄTZUNG

++ *ausgeprägte Stärke*
+ *gut entwickelt*
+/− *teils - teils*
− *eher wenig*
−− *ausgeprägtes Defizit*

VERHALTEN	++	+	+/−	−	−−
1 Gesunde psychische Konstitution *(Selbstvertrauen, Stabilität, Belastbarkeit)*	☐	☐	☐	☐	☐
2 Offenheit und Ehrlichkeit *(direkt, spontan, echt)*	☐	☐	☐	☐	☐
3 Bereitschaft zur Verantwortung *(persönliches Engagement)*	☐	☐	☐	☐	☐
4 Partnerschaftliche Grundeinstellung *(eben nicht elitär, hierarchisch, autoritär)*	☐	☐	☐	☐	☐
5 Mut zu persönlicher Stellungnahme und zu Entscheidung *(„Courage")*	☐	☐	☐	☐	☐
6 Verbindlichkeit *(Einhalten getroffener Vereinbarungen)*	☐	☐	☐	☐	☐
7 Realitätsbezogenheit *(Sinn für das Machbare)*	☐	☐	☐	☐	☐
8 Humor *(Fähigkeit, sich selbst und andere durch Lockerheit zu entspannen)*	☐	☐	☐	☐	☐
9 „Chaos-Kompetenz" *(in turbulenten, komplexen Situationen handlungsfähig bleiben)*	☐	☐	☐	☐	☐
10 Menschen überzeugen *(Motivation/Identifikation erzeugen, Sinn stiften)*	☐	☐	☐	☐	☐
11 Konfliktfähigkeit *(sich abgrenzen und auseinandersetzen können)*	☐	☐	☐	☐	☐

METHODEN (DIE NOTWENDIGE BEDINGUNG)

	++	+	+/−	−	−−
A Projektmanagement-Methoden *(Planen, Organisieren und Steuern von Projekten)*					
1. eine Auftragsklärung durchführen	☐	☐	☐	☐	☐
2. ein Projektziel mit dem Auftraggeber vereinbaren	☐	☐	☐	☐	☐
3. einen Projektplan erstellen	☐	☐	☐	☐	☐
4. ein effektives Berichtswesen implementieren	☐	☐	☐	☐	☐
5. Änderungen managen (Change Request/Claim Management)	☐	☐	☐	☐	☐
B Prozesssteuerung *(Vorgänge verstehen und steuern)*					
1. Kommunikationsarchitekturen absichtsvoll steuern	☐	☐	☐	☐	☐
2. Teamdynamik steuern	☐	☐	☐	☐	☐
3. Entscheidungen vorbereiten und herbeiführen	☐	☐	☐	☐	☐
C Moderation *(Gestalten und Leiten von Arbeitstagungen mit größeren Teilnehmerkreisen)*	☐	☐	☐	☐	☐
D Präsentation *(Ergebnisse verständlich und überzeugend präsentieren)*	☐	☐	☐	☐	☐
E EDV/IT-Kenntnisse *(die Projektmanagement-, kaufmännische und Bürosoftware beherrschen)*	☐	☐	☐	☐	☐

(Nach: Doppler/Lauterburg, Change Mangement und Hinz, Der Projektkapitän)

LIBERATING STRUCTURES

Diese Sammlung von Methoden ermöglicht ein größeres Miteinander, steigert die Beteiligung und das Engagement und hilft dabei, verborgene Ideen rasch aufzudecken.

„Liberating" bedeutet dabei, dass diese Techniken dabei unterstützen sollen, die Gruppe von Einschränkungen, wie Machtspiele und Hierarchiedenken, zu befreien. Es sind größtenteils schnelle, leichte und gut verständliche Methoden, die ohne Ausbildung einsetzbar sind. Sie geben jeweils eine wirksame Struktur der Zusammenarbeit vor, sodass sich die Beteiligten ganz auf das jeweilige Thema fokussieren können. Sie finden unter (www.liberatingstructures.de) unter anderem Strukturen, um Besprechungen anders durchzuführen, Strategien im Team zu entwickeln, gemeinsam Probleme zu analysieren, Maßnahmen zu planen, Entscheidungen zu treffen und um an der Vernetzung und an Beziehungen untereinander zu arbeiten.

Zwei Methoden möchte ich hier näher vorstellen:

–> 1-2-4-ALL

Diskussionen in großen Gruppen sind häufig wenig zeiteffizient – eine Person redet und alle anderen hören zu. Hinzu kommt, dass eher die extrovertierten Typen bzw. diejenigen, die den meisten Redeanteil haben, das höchste Ansehen in der Gruppe genießen – sei es durch ihre formale Stellung oder durch informelles Gewicht. Und wenn der erfahrene Experte oder die Chefin ihren Lösungsansatz erst einmal vorgestellt hat, werden viele ihre vielleicht ganz konträren Gedanken eher zurückhalten. Um diesem Effekt entgegenzuwirken, nutzen Sie die 1-2-4-all Technik:

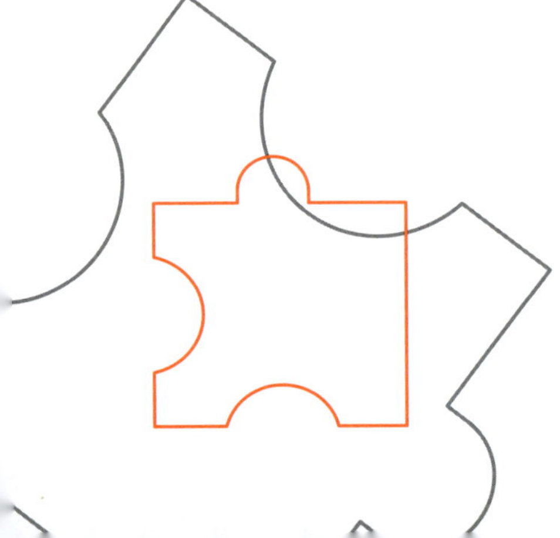

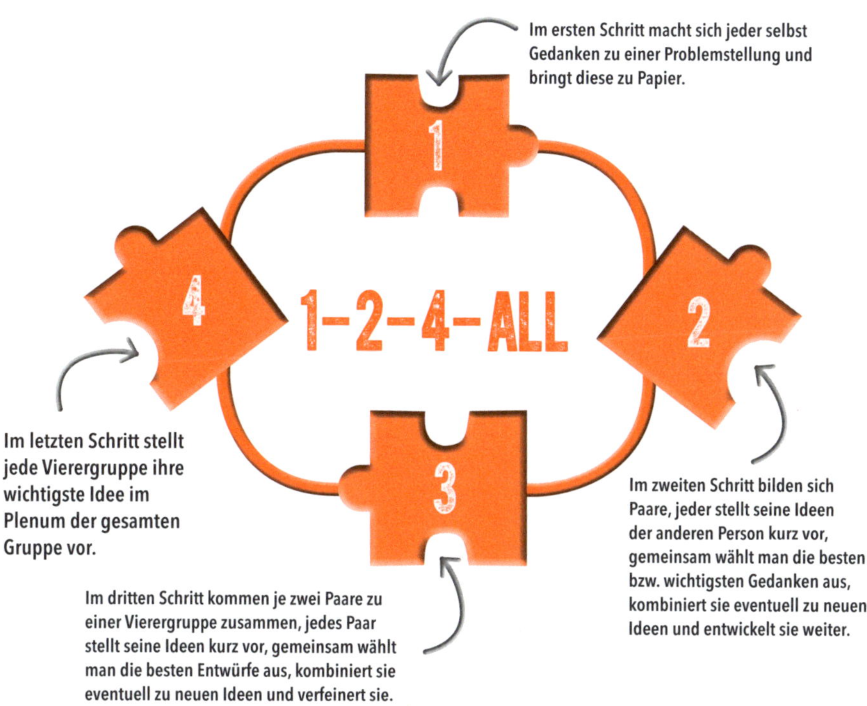

Je nach Themenstellung und Ziel folgt nach dem vierten Schritt ein passender Abschluss: Wenn es beispielsweise darum ging, Erfahrungen auszutauschen oder existierende Lösungen transparent zu machen, reicht es aus, Raum und Zeit für weitergehende Diskussionen zu bieten. Wenn es dagegen um das Finden konkreter Lösungsansätze geht, sollte abschließend noch eine Priorisierung der Lösungsansätze erfolgen bzw. der nächste Schritt geplant und die Verantwortlichkeiten vereinbart werden.

–> FISHBOWL

Um Informationsweitergabe und Experteninput in großen Gruppen effektiver zu gestalten, eignet sich der Fishbowl. **Es ist eine gute Alternative zu den üblichen Podiumsdiskussionen, bei denen fast immer eine räumliche und „Bedeutungsdistanz“ zwischen den Referenten auf dem Podium und den Zuhörern unten in Saal auftritt.**

Das Fishbowl ist durch seine besondere Sitzordnung gekennzeichnet. In einem Innenkreis sitzen 3 bis 6 Personen, die in einem direkten Gespräch ein Thema erläutern und diskutieren. Dabei sollen sie sich so verhalten, als säßen sie an einem Lagerfeuer oder beim Arbeitsessen, d. h. sie richten sich mit ihren Beiträgen nicht an „das Publikum“.

Die folgende Abbildung zeigt die Organisation eines Fishbowls: um diese 3 bis 6 Personen sitzen Personen herum, die die Diskussion verfolgen. Personen im Außenkreis hören zu, können aber jederzeit in den Innenkreis wechseln und mitdiskutieren. Man setzt sich entweder auf einen freien Platz, denn ein Platz des inneren Kreises bleibt dafür immer frei, oder stellt sich hinter einen noch besetzten Platz. Wenn man sich hinter einen Platz stellt, kann die Person auf diesem Platz ihren Gedanken zu Ende formulieren und verlässt anschließend den Kreis.

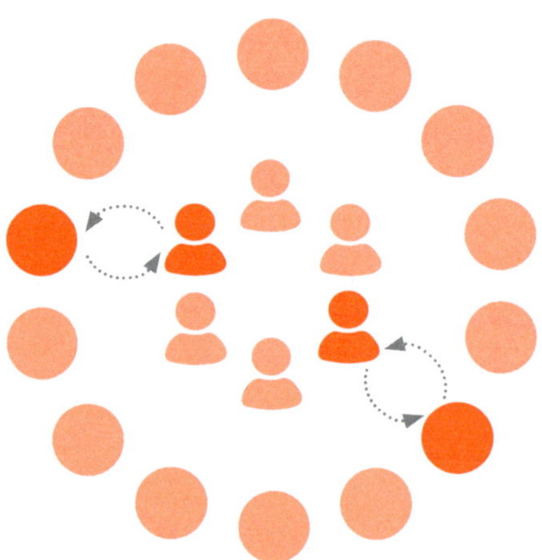

Nach einer anfänglichen Unsicherheit entwickelt sich meistens ein intensiver Austausch, es herrscht ein „Kommen und Gehen", ohne dass dadurch die Debatte abbricht. Die anfängliche Distanz zwischen „Experten" und „Zuhörern" löst sich zugunsten eines miteinander Redens auf.

MODERATION UND DIE „GOLDENEN" REGELN DER GRUPPENARBEIT

Gruppen zu begleiten und deren gemeinsame Arbeit erfolgreich zu machen, ist Kernaufgabe jedes Change-Teams. Die Kompetenz, zu moderieren sollte daher jeder Change-Agent besitzen.

Bei der Moderation geht es um die Führung und Steuerung einer Diskussion, ohne dass der Moderator selbst aktiv auf die Inhalte der Besprechung Einfluss nimmt. Moderation ist die hilfreiche methodische Unterstützung von Arbeitsgruppen zur schnellen Erzielung optimaler Ergebnisse. Am ehesten lässt sich die Haltung eines Moderators mit der eines guten Gastgebers vergleichen, der alles dafür tut, dass sich die Gäste wohlfühlen und öffnen können.

Im Laufe der letzten Jahre haben sich folgende **„goldene" Spielregeln der Arbeit in Gruppen** herausgebildet, die ein Moderator nutzen sollte, um den Arbeitsprozess wirksam zu gestalten.

18 „GOLDENE" SPIELREGELN DER ARBEIT IN GRUPPEN

1. Wir formulieren nur „Ich-Botschaften", keine „Du-Botschaften".

2. Wir machen bei Fragen immer den Hintergrund (warum?) deutlich.

3. Jeder bestimmt selbst, ob und wann er etwas sagt.

4. Wir interpretieren nicht andere, sondern formulieren klar eigene Meinungen, Eindrücke und Empfindungen.

5. Wir formulieren konkret und am Beispiel bezogen und lassen Verallgemeinerung sein.

6. Nebengespräche haben immer Vorrang. Sie sind meist wichtig, sonst würden sie nicht stattfinden.

7. Es redet immer nur einer. Wenn mehrere gleichzeitig sprechen wollen, verständigen sie sich kurz, wer was zu sagen hat.

8. Wir sind knapp und präzise, d. h. wir verzichten auf langatmige Ausführungen und Erklärungen.

9. Wir stehen zu unseren Entscheidungen und versuchen nicht, „hinten herum" oder nachträglich Entscheidungen oder Ergebnisse zu sabotieren.

10. Wir übernehmen nur Aufgaben, die wir erledigen können. Angenommene Aufgaben werden auch tatsächlich erledigt.

11. Wir fragen bei Unklarheiten nach.

12. Wir sind kreativ und riskieren damit Fehler und Irrtümer.

13. Wir thematisieren unsere Konflikte.

14. Wir hören einander aktiv zu.

15. Pünktlichkeit spart die Zeit der anderen.

16. Wir entscheiden nicht über Abwesende.

17. Wir beurteilen Sachverhalte, Ergebnisse oder konkretes persönliches Verhalten, aber nicht die Personen als Ganzes.

18. Wir erkennen uns gegenseitig als gleichwertige Partner an und akzeptieren unser gegenüber in seiner ganzen Art.

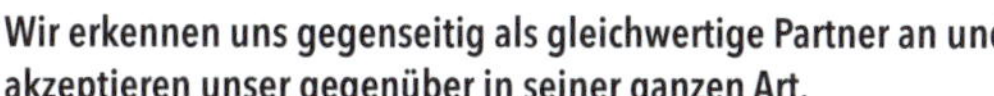

Der Moderator überwacht die Einhaltung der Spielregeln, setzt sie aber nicht durch, denn dazu besitzt er weder die Macht noch den Auftrag. Das können nur die Teilnehmer selbst!

REFLECTING-TEAM

Diese Methode hilft Change Management-Teams, die eigene Arbeit schnell zu überprüfen und ggf. anzupassen. Wie die folgende Abbildung zeigt, nehmen zwei oder mehrere Mitglieder des Change-Management-Teams für eine bestimmte Zeit nicht an der inhaltlichen Diskussion teil. Sie beteiligen sich nicht aktiv am Gespräch, hören jedoch aufmerksam zu, was der Rest des Teams verhandelt.

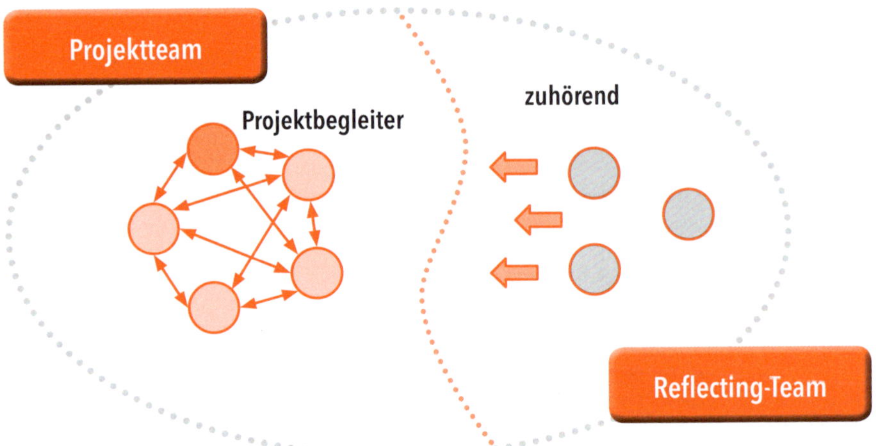

Nach einer gewissen Zeit werden die Positionen gewechselt. Die Mitglieder des Reflecting-Teams denken jetzt laut über den von ihnen beobachteten Gesprächsprozess nach. Sie führen einen „Meta-Dialog", also ein Gespräch über das eben beobachtete Gespräch. Die Team-Kollegen, die bisher beobachtet wurden, hören nun ihrerseits zu.

Die geäußerten Gedanken im Reflecting-Team sollen zum Nachdenken anregen und nachvollziehbar geschildert werden, so dass sie für das beobachtete Team verständlich sind. Es geht nicht darum, möglichst ungewöhnliche Dinge zu benennen, sondern Beobachtungen zur Verfügung zu stellen.

Diese Form der Selbstbeobachtung schult die Aufmerksamkeit der Change-Agenten für Gruppenprozesse und deren Dynamik. Muster in der Kommunikation und typisches kulturelles Verhalten können so aufgedeckt und bearbeitet werden.

Damit dieser Meta-Dialog gelingt, hält sich jedes Mitglied des Reflecting-Teams an folgende Prinzipien:

- Beobachte verbale und nonverbale Ereignisse. Bevorzuge Hypothesen und Fragen, statt Aussagen zu machen.
- Agiere mit dem Fokus auf die anderen im Reflecting-Team und nimm nur in Ausnahmefällen Kontakt zum beobachteten Team auf.
- Bei der Reflexion der Gedanken geht es um die Vielfalt möglicher Sichtweisen, nicht um die beste Idee. Suche „sowohl als auch" statt „entweder oder".
- Fragen können neue, bisher unbewusste Themen aufdecken.

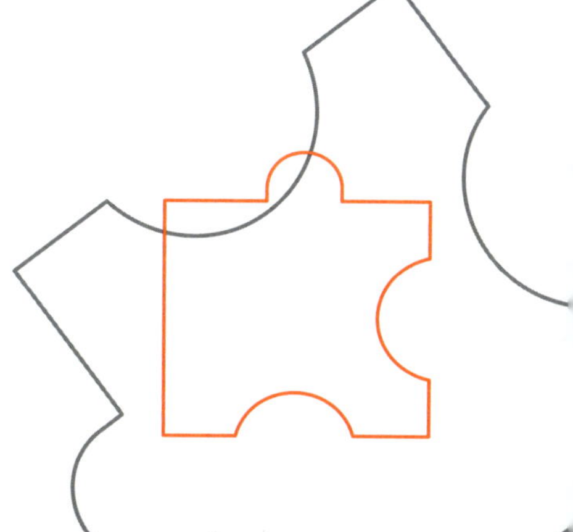

KAPITEL 7
SO BLEIBT
IHR CHANGE
MANAGEMENT
ROBUST

Wirksame Transformation basiert mit all ihren Frameworks, Prozessen und Methoden auf dem, was wir in der Disziplin Change Management seit mehreren Jahrzehnten gelernt haben. Dies nenne ich das Change Management 2.0. Doch passen bekannte Methoden nur selten eins zu eins auf neue Kontexte. Es braucht daher hybride Konzepte, bei denen Dinge neu hinzugefügt, Bestehendes verbessert und unwirksamer Ballast abgeworfen werden. Wirksames Change Management 4.0 erfordert, dass immer wieder neu entschieden wird, wie Veränderung gestaltet werden soll.

Ich bin davon überzeugt, dass die Phasenmodelle, die im Change Management 2.0 heute noch gelehrt werden, Ballast geworden sind, weil sie zu starr sind und uns einen vorhersagbaren Verlauf der Transformation vorgaukeln wollen.

An die Stelle des starren Change Management 2.0 wird zukünftig die Robustheit des Change Management 4.0 treten. Veränderungsprozesse sind dann robust, wenn sie mit Überraschungen rechnen, auf Ungeplantes reagieren können und ihr Vorgehen und Methodik auf die steigende Dynamik angepasst haben.

Change Management 2.0	Change Management 4.0 ...
kalkuliert und optimiert auf die best-practice-Lösung hin	erzeugt Vielfalt und erhält sich Optionen für die sinnvolle (minimum viable) Lösung
geht anlassbezogen und oft im großen Wurf die „radikale" Veränderung an	geht kontinuierlich und nach der 3i-Regel (iterativ, integrativ und inkrementell) vor
führt Veränderungsprojekte (wie geplant) zum Ende, um Themen abzuarbeiten	ist so konzipiert, dass unwirksame Projekte möglichst früh scheitern, um schnell zu lernen
nutzt Regeln und Standards, damit die Veränderung transparent und berechenbar wird	nutzt Prinzipien und Selbstorganisation, damit die Veränderung dynamikrobust bleibt
implementiert komplizierte Lösungen, die viele Perspektiven bedienen und Interessen abbilden	findet funktionierende Lösungen, die im Praxistext „good enough" sind
vermeidet Redundanz und sucht Effizienz	nutzt Redundanz, um bei hoher Dynamik mehrere Optionen testen zu können

WAS BLEIBT?

All das, was ich ihnen in diesem Buch vorgestellt habe, erweitert unser Veränderungsrepertoire, verstärkt die Robustheit und vergrößert die Erfolgschance jedes Veränderungsprozesses. Drei Aspekte halte ich für besonders wichtig:

1 DIE ROLLE DER EMOTIONEN.

Wirksames Change Management soll Widerstand nicht einfach brechen oder die Beteiligten sich selbst überlassen, sondern einen Weg finden, Emotionen für das gemeinsame Vorhaben zu nutzen. Es nimmt die unterschwellige Botschaft, die Menschen zum Widerstand antreibt, ernst und versteht es, die emotionale Energie sinnvoll zu nutzen. Der Umgang mit Emotionen bleibt eine Hauptaufgabe, wenn ein Veränderungsprozess mit Mitarbeiterbeteiligung gestaltet werden soll. Dies gilt nicht nur für den Umgang mit Einzelpersonen, sondern auch für den gesamten Prozess an sich. Denn die Erfahrung zeigt, dass ein hervorragendes Veränderungskonzept fehlschlägt, wenn bei der Umsetzung das Verhalten und die Bedürfnisse der Menschen aus dem Blick geraten.

DIE NOTWENDIGKEIT VON FÜHRUNG.

Die Art und Weise, wie Führung praktiziert wird, ändert sich. Im Kapitel 6 habe ich dies ausführlich beschrieben. Egal welche gelungene Transformation man sich anschaut, eines ist klar zu erkennen: Führung wird nicht abgeschafft! Es gibt keine Evidenz dafür, dass Transformationsprozesse in Unternehmen gänzlich frei, spontan und ungeregelt oder ohne jede Struktur und Führung passieren.

DIE BEDEUTUNG DER UNTERNEHMENSKULTUR.

Natürlich verändern sich die Werte einer Organisation. So ist aktuell zu beobachten, dass die Orientierung am Shareholder Value abnimmt und die Orientierung hin zur Sinnstiftung („purpose") zunimmt. Werte können sich inhaltlich verändern, aber wirksames Change Management ohne eine Orientierung an Werten gibt es nicht. Denn Werte bilden das Rückgrat jeder Transformation.

WAS KOMMT?

Wir werden zukünftig eine Vielzahl von Transformationsprozessen erleben, deren Architektur unterschiedlich sein wird. Die Landschaft wird vielfältiger. Es wird eher die Regel sein, dass in einer Unternehmung sowohl 2.0 als auch 4.0 Veränderungsprozesse zur gleichen Zeit ablaufen.

Ich denke da an eine Organisation, in der das Top-Management einen klassischen Strategieprozess mit einem der großen Beratungshäuser macht. Es werden Interviews geführt und mit einem Kreis von Führungskräften die Strategie formuliert, die dann in einem townhall Meeting vorgestellt wird.

Genau zur gleichen Zeit begleite ich in einem der Zentralbereiche eine Transformation in der parallel die beleggebundene Arbeit eingestellt, eine Führungsebene gestrichen, eine Software eingeführt und mit Formen der Selbstorganisation experimentiert wird.

Volatilität, Unsicherheit, Komplexität und Ambiguität (was ja kurz zum Akronym VUKA zusammengefasst wird) charakterisieren die Welt, in der sich die Disziplin Change Management 4.0 heute angesichts der Digitalisierung bewähren muss. Dennoch, oder vielleicht deswegen, ist der Wunsch nach klaren, eindeutigen Aussagen, nach exakten Analysen, zutreffenden Prognosen und todsicheren Rezepten unausrottbar.

So klammern sich immer noch viele Organisationen an die Hoffnung der 2.0 Welt, dass sie sich auf Strukturen, Spielregeln, Phasenmodelle oder Motivationstools verlassen können. Doch das ist leider weit gefehlt. Organisationen stehen heute mehr denn je vor der Herausforderung, dass sie viele Ziele gleichzeitig verfolgen müssen, die sich teilweise widersprechen. Die folgende Abbildung zeigt, wie VUKA zugleich Herausforderung und Lösungsansatz ist. Gleichzeitig bietet sie einen ersten Blick auf die „neue Welt", der sich Change Management 4.0 heute stellen muss.

	Un-Gewissheit	Gewissheit
Vorhersehbar	**Komplexität: „Es kommt immer noch was nach."** Vernetzte Situation mit vielen, voneinander abhängigen Variablen, die nur teilweise vorhersehbar ist. Die Auswirkungen der Globalisierung oder Digitalisierung sind ein gutes Beispiel. Obwohl alle Ausgangsvariablen bekannt sind, entsteht ein immer wieder überraschendes Resultat.	**Volatilität: „Es kommt nicht immer gleich."** Situation mit Variablen, deren Abhängigkeit grundsätzlich bekannt sind, aber im Ergebnis Schwankungen unterliegen. Die Reaktion auf eine Überraschung oder Schock (disruption) ist oft volatil. Preise schießen in die Höhe oder fallen ins Bodenlose.
Un-Vorhersehbar	**Ambiguität: „Es kommt immer anders."** Situation mit vielen Variablen, deren Zusammenspiel vollkommen unklar ist („unknown unknowns"). Experimente bzw. Prototypen sind ein klassisches Ambiguitätsphänomen, wenn man sich z. B. in einen unbekannten Markt „vortastet".	**Unsicherheit: „Wird es auch wirklich so kommen?"** Situation, in der die Abhängigkeiten gut bekannt sind, wenn man sich „anstrengt". Prognosen, Planung, Forschung und Entwicklung sind nur einige typische Methoden, mit denen Unsicherheit reduziert wird.

Wenn das Umfeld **volatil** ist, dann macht Pragmatismus mehr Sinn als Prinzipientreue. Notwendige Änderungen sollten dann rasch, aber in verbindlicher Kommunikation erfolgen: „Mach, was du willst, aber du musst darüber sprechen, damit deine Kollegen Bescheid wissen und wiederum selbst darauf reagieren können!" lautet die Maxime.

Bei hoher **Unsicherheit** sind harte Pläne nicht mehr als ein Mythos. Aber deshalb ist Planung nicht gleich obsolet, denn Ziele und Pläne bilden die notwendige Struktur für Kooperation. Der ehemalige US-Präsident Eisenhower brachte es auf den Punkt: „Pläne sind unwichtig, aber Planung ist alles". Es gilt also, dass Planung an sich heilig ist, aber keinesfalls die Zahlen, Daten und Fakten darin!

Hohe **Komplexität** bedeutet, dass immer noch etwas nachkommt. Daher sollten Sie sich von der Illusion, eine Transformation sei wirklich steuerbar, schnell verabschieden. Entwickeln Sie stattdessen lieber eine gute Anpassungsfähigkeit an neue Situationen, indem Sie Ihr Handlungsrepertoire erweitern.

Sie werden Situationen begegnen, in denen Toleranz gegenüber **Ambiguität** gefragt ist, eine Fähigkeit, die bisher in den Kompetenzprofilen nicht vorkommt. Ambiguitätstoleranz ist die Fähigkeit, Widersprüchlichkeiten, Unterschiede oder Ungewissheit wahrzunehmen und nicht gleich negativ zu bewerten. Je höher die Ambiguitätstoleranz ausgeprägt ist, desto eher ist man in der Lage, etwas auszuhalten, was einem auf den ersten Blick schwer verständlich oder sogar inakzeptabel erscheint. Menschen, die in Kategorien richtig-falsch und gut-schlecht handeln, also das bekannte „Schwarzweiß-Denken", sind dagegen ambiguitätsintolerant.

Wirksame Change-Agenten arbeiten an ihrer Ambiguitätstoleranz, indem sie bewusst Unterschiede in ihren Veränderungsprozess einführen. So schützen sie sich vor einfachen Wahrheiten, aalglatten Problemlösungen und vorschnellem Konsens. Eine hohe Ambiguitätstoleranz macht den Blick weit und frei für noch nicht entdeckte Alternativen und bisher als unmöglich abgetane Lösungsideen. So können verschiedene Interessen entdeckt und im Veränderungsprozess genutzt werden. **Eine erfolgreiche Transformation ist ohne ein gutes Maß an Ambiguitätstoleranz nicht zu leisten**.

Seien Sie also nicht überrascht, sondern vorbereitet. Eine Veränderung ist keine ruhige Reise auf Schienen und im Sonnenschein, sondern eine Tour mit wechselnden Verkehrsmitteln, unterschiedlichen Geschwindigkeiten und einigen Kurskorrekturen.

Und gestatten Sie mir zum Abschluss dann doch noch eine Binsenweisheit:

ES GIBT KEIN NEUES UND GUTES AGILES TRANSFORMATIONSMANAGEMENT UND EIN ALTES KLASSISCHES UND SCHLECHTES CHANGE MANAGEMENT. ES GIBT AUSSCHLIESSLICH WIRKSAMES UND UNWIRKSAMES!

LITERATURVERZEICHNIS

Capgemini Digital Transformation Institute: Understanding digital mastery today, https://www.capgemini.com/wp-content/uploads/2018/07/Digital-Mastery-DTI-report_20180704_web.pdf, 2018.

Heitger, Barbara/Doujak, Alexander: Harte Schnitte – Neues Wachstum, München 2014.

Google Ventures: The Design Sprint, https://www.gv.com/sprint/, zuletzt abgerufen am 04.09.2019.

Hinz, Olaf: Das Führungsteam: Wie wirksame Kooperation an der Spitze gelingt, Wiesbaden 2014.

Hinz, Olaf: Der Projekt-Kapitän: Mit seemännischer Gelassenheit Projekte zum Erfolg führen, Wiesbaden 2013.

Hofert, Svenja: Was ist ein agiler Coach?, https://karriereblog.svenja-hofert.de/2018/06/was-ist-ein-agiler-coach-ueber-ein-neues-berufsbild/bildschirmfoto-2018-06-17-um-09-00-59/, zuletzt abgerufen am 24.04.2020.

Laloux, Frederic: Reinventing Organizations: Ein Leitfaden zur Gestaltung sinnstiftender Formen der Zusammenarbeit, München 2015.

Lewin, Kurt: Feldtheorie in den Sozialwissenschaften, Bern 1963.

Oesterreich, Bernd/Schröder, Claudia: Das kollegial geführte Unternehmen, München 2017.

Ries, Eric: Lean Startup: Schnell, risikolos und erfolgreich Unternehmen gründen, München 2011.

Stepper, John: Working Out Loud, München 2020.

Wohland, Gerhard/Wiemeyer, Matthias, Denkwerkzeuge der Höchstleister, Lüneburg 2012.

INDEX